Katzen

AUTORIN: BRIGITTE EILERT-OVERBECK | FOTOGRAFIN: MONIKA WEGLER

Inhalt

44 Gemeinsam wohlfühlen

Extras

Die Welt der Katzen

Vor vielen Tausend Jahren verlegten Falbkatzen ihre Jagdgründe in die Siedlungen der Menschen. Es war der Anfang einer unendlichen Liebesgeschichte: Heute gibt es Hauskatzen in der ganzen Welt. Denn Katzen und Menschen passen wunderbar zusammen!

»WG-Partner« Katze: zärtlich und eigensinnig

Seit Jahrtausenden gehören Katzen zu unserer Welt. Sie haben sich ihren Platz darin gründlich erobert: Allein in deutschen Haushalten schnurren knapp acht Millionen. Mehr als jedes andere Tier hängen Katzen an ihrem Zuhause. Und mehr als an jedem Artgenossen hängen sie an ihrem Menschen. In ihm sehen sie die »Superkatze«, den Gefährten, mit dem sie nicht konkurrieren müssen – nicht ums Revier, nicht um Beute, nicht um Sexualpartner. Der Mensch spendet Wärme und Zuwendung. Er verwöhnt sie mit Streicheleinheiten und lockt mit Spielen, und er gibt ihnen Futter. So übernimmt er gewissermaßen die Rolle der Mutterkatze. In der Menschenwelt dürfen Katzen Kinder sein und bleiben, und genau das tun sie mit Begeisterung. Aber Katzen gehören auch noch zu einer anderen Welt: Es ist die, die sie von ihren wilden Vorfahren geerbt haben. In dieser Welt sind sie hoch entwickelte Raubtiere – schnelle und geschickte Jäger mit scharfen Sinnen und geschmeidigem Körper. Die Natur hat sie in kleinerem Maßstab mit ebenso wirksamen Waffen ausgestattet wie Tiger, Puma und Leopard. Außer Löwen und Geparden jagen alle Katzenarten allein. Es gibt bei ihnen deshalb keine hierarchischen Rudelstrukturen, kein natürliches System von Unterordnung und Gehorsam: In ihrem Revier ist die Katze ihr eigener Chef.

Spielregeln statt Befehle

Befehle – auch wenn sie von der »Superkatze« kommen – haben keine Bedeutung, sie werden gekonnt ignoriert. Aber unsere Haustiger haben von ihren wilden Vorfahren auch die Bereitschaft geerbt, sich mit ihren Artgenossen zu arrangieren und Spielregeln zu akzeptieren. Einer angenehmen Wohngemeinschaft steht deshalb nichts im Weg.

Kleine Katzen-Kulturgeschichte

Katzen sind anders als alle anderen Tiere, die im Lauf der Jahrtausende zu Haustieren wurden. Im Gegensatz zu Hund, Rind, Schaf und Schwein haben sie sich äußerlich nur wenig von ihren wilden Vorfahren entfernt. Auch ihren Jägerberuf haben sie nicht aufgegeben: Die Katze lässt das Mausen nicht und macht notfalls Jagd auf Spielzeug. Und doch unterscheiden sich unsere Katzen heute deutlich von ihren Vorfahren. Sie sind viel mehr auf den Menschen bezogen und auch viel mehr auf ihn angewiesen.

Immer den Mäusen nach

Katzen lebten noch wild, als der Mensch andere Tiere bereits in den Dienst genommen hatte. Sie kamen aus eigenem Antrieb, als die Menschen sesshaft wurden, Lebensmittelvorräte anlegten und damit Heerscharen von Mäusen anlockten. Katzen wie Menschen profitierten von der gemeinsamen Reviernutzung: Die einen machten fette Beute, die anderen sahen ihre Ernte vor den Nagern gerettet. Die ungleichen Partner fanden Gefallen aneinander

Schwieriges Gelände? Nicht für eine Katze! Mit gut gepolsterten Pfoten und einem fantastischen Gleichgewichtssinn ausgestattet, balanciert sie auf Zehenspitzen traumhaft sicher über die Zaunlatten.

und zeigten ähnliche Vorlieben: für das schützende
Dach über dem Kopf, für die Verlässlichkeit eines
geregelten Tagesablaufs, für eine gewisse Bequem-
lichkeit und – wie schon uralte Darstellungen zeigen – für freundlich-zärtliche Kontakt.

Stammmutter Falbkatze

Stammmutter aller Hauskatzen ist die afrikanische
Falbkatze *(Felis silvestris lybica)*. Sie ist nicht nur im
größten Teil Afrikas zu Hause, sondern vor allem
auch im Norden der Arabischen Halbinsel. Wie der
Genetiker Carlos Driscoll von der Universität Oxford
erst kürzlich nachweisen konnte, stammen die Vorfahren der Hauskatzen auf der ganzen Welt aus
dieser Region des Nahen Ostens.

Götter und Dämonen

Im alten Ägypten bevölkerten die zahmen Falbkat-
zen-Nachfahren sogar den Götterhimmel. Der Son-
nengott Ra bekämpfte in Katzengestalt die Schlange
der Finsternis, die katzenköpfige Mondgöttin Bas-
tet hütete bei Nacht das Licht und war zuständig für
Liebe, Fruchtbarkeit, Glück und Wohlstand. Auch
der Muttergottheit Isis waren Katzen heilig. Katzen
begleiteten die altrömische Jagd- und Mondgöttin
Diana und waren in asiatischen Tempeln und Palä-
sten zu Hause. Im christlichen Abendland galten sie
lange als Lieblingstiere der Muttergottes – bis im
späten Mittelalter der Hexenwahn ausbrach. Jahr-
hunderte lang wurden Katzen verfolgt, gequält, ge-
tötet und fast ausgerottet. Erst seit dem 18. Jahr-
hundert kamen sie als Haustiere wieder zu Ehren.

Auf Schiffen in die ganze Welt

Vor etwa 3500 Jahren war die Domestizierung der
Katzen abgeschlossen. Und damit traten sie langsam ihren Weg vom Nahen Osten in die ganze Welt

Da raschelt doch was im hohen Gras? Dem konzentrierten Jäger auf der Pirsch entgeht weder die
kleinste Bewegung noch das leiseste Geräusch.

an. Ausfuhrverbote, wie sie die alten Ägypter verhängt hatten, verhinderten nicht, dass die Samtpfoten doch auf Handelsschiffe gelangten. Bald war
die Katze an Bord selbstverständlich: hauptsächlich zum Schutz der Fracht vor Ratten und Mäusen.
So verbreiteten sich die Katzen und passten sich
der Umgebung an: Im rauen Bergland Kleinasiens
tauchten die ersten Langhaarkatzen auf, Ahnen der
heutigen Perser- und Halblanghaarkatzen. In Südostasien entwickelten sich sehr schlanke Katzen mit
kurzem Fell: die Vorfahren der Siam- und Burmakat-
zen. In gemäßigten Klimazonen vererbte sich ein
kompakter Körperbau und dichteres Fell mit isolie-
render Unterwolle: der Urtyp unserer Hauskatze,
die heute auch als Europäisch Kurzhaar gezüchtet
wird. Auch die »Waldkatzen-Rassen« wie die Maine
Coon, die Norwegische Waldkatze und die Sibirische Katze entstanden in Anpassung an das Klima.

Ruhig und ausgeglichen

Perser

Herkunft Perserkatzen wurden zuerst in England gezüchtet. Entstanden ist diese Rasse durch Kreuzung von Angorakatzen (so nannte man früher alle Langhaarkatzen) mit kurzhaarigen Hauskatzen.

Aussehen Mit ihrer majestätischen Erscheinung sind Perserkatzen würdige Nachfolger der langhaarigen Luxuskatzen, die vornehmlich an Fürstenhöfen lebten. Von allen Rassen haben sie das längste Haarkleid: ein seidiges, »fließendes« Fell mit beinahe mähnenartiger Halskrause. Der Körper ist kräftig, leicht gedrungen, die Beine sind kurz und stämmig, der Kopf breit mit charakteristischer Stupsnase und großen, leuchtenden Augen.

Charakter Die Perserkatze gibt sich ruhig, aber nicht phlegmatisch; sie ist ausgeglichen, aber nicht träge; anschmiegsam, aber nicht aufdringlich. Sie lässt sich gut in der Wohnung halten und braucht von ihrem Menschen reichlich zärtliche Zuwendung – zum Beispiel auch bei der unbedingt notwendigen täglichen Pflege des langen Fells.

Robust und unkompliziert

Maine Coon

Herkunft Im Nordwesten der USA, besonders im Bundesstaat Maine, wurde die Katze mit dem »Waschbär«-Schwanz zuerst gesehen. Sie gehört zu den sogenannten Waldkatzen-Rassen, die nicht durch geplante Zucht entstanden, sondern sich selbstständig entwickelt haben. Unter ihren Vorfahren sind Langhaarkatzen, die von Seeleuten ins Land gebracht worden waren.

Aussehen Die großen Tiere sind echte Wind- und Wetterkatzen und »schwere Jungs«: Kater bringen es auf bis zu neun Kilogramm. Die halblangen Deckhaare weisen Wasser ab, die besonders im Winter sehr dichte Unterwolle hält schön warm. Die Maine Coon hat eine kantige Schnauze, große Augen und große Ohren mit hübschen Haarbüscheln.

Charakter Die Katze hat ein unkompliziertes, freundliches Wesen, bleibt auch im Familientrubel gelassen und verträgt sich gut mit anderen Tieren. Sie hält sich gern im Freien auf und jagt mit großer Begeisterung Mäuse.

Unkompliziert und gemütlich
Britisch Kurzhaar

Herkunft Wie der Name schon sagt, kommt diese Katzenrasse aus Großbritannien. Ihre Vorfahren waren Haus- und Perserkatzen. In ihrer heutigen Form wird sie seit den 1950er-Jahren gezüchtet.

Aussehen Die Britisch Kurzhaar ist rundlich, kompakt und stämmig. Sie hat einen breiten Kopf mit vollen Wangen, kleine Ohren und große runde Augen, die orange- bis kupferfarben leuchten. Sie besitzt ein sehr dichtes Fell und einen dicken, mittellangen Schwanz. Die Katze wird in vielen Farbvarianten gezüchtet; die »blaue« ähnelt sehr der Chartreux und wird auch heute noch fälschlicherweise oft als »Kartäuser« bezeichnet.

Charakter Britisch-Kurzhaar-Katzen sind so robust und gemütlich, wie sie aussehen, und »sprechen« ihren Menschen mit angenehm leiser Stimme an. Sie sind problemlos in der Wohnung zu halten, vertragen sich gut mit Artgenossen und anderen Tieren. Wegen ihres ausgeglichenen Charakters passen sie auch gut in eine lebhafte Familie.

Intelligent und neugierig
Bengal

Herkunft Die Rasse entstand um 1960 in den USA aus der Kreuzung von wilden Bengalkatzen (*Felis bengalensis*, auch »Asian Leopard Cat« genannt) mit Haus- bzw. Rassekatzen. In Deutschland ist die junge Rasse auch als »Leopardette« bekannt.

Aussehen Die Bengal ist groß, schlank und muskulös. Ihr dichtes, feines Kurzhaarfell trägt braune bis schwarze Tupfen, Flecken und Rosetten. Damit sieht sie tatsächlich aus wie die Miniaturausgabe eines Leoparden. Mit ihren langen Beinen kann sie ausgezeichnet klettern und springen.

Charakter Bengalkatzen sind freundlich und verträglich gegenüber Artgenossen und anderen Tieren. Außerdem sind sie sehr neugierig und äußerst intelligent. Seine Menschen belegt der Mini-Leopard gern mit Beschlag und stellt sich beim Spiel mit ihnen sehr geschickt und gelehrig an. Einige Exemplare dieser Rasse schätzen Wasser-Planschereien so sehr, dass sie sogar gerne mit unter die Dusche kommen.

Intelligent und elegant
Abessinier

Herkunft Die »Aby« stammt ursprünglich aus Afrika und wurde bereits Ende des 19. Jahrhunderts in Großbritannien gezüchtet. Weltweit anerkannt ist sie seit den späten 1940er-Jahren.

Aussehen Alles an dieser Katze wirkt ausgesprochen elegant: Die langen Beine, der geschmeidige, mittelgroße Körper, der leicht keilförmige Kopf mit den großen Ohren und den mandelförmigen Augen, der lange, spitz zulaufende Schwanz und nicht zuletzt das kurze, dichte und seidige Fell. Das einzelne Haar ist in helle und dunklere »Bänder« unterteilt. Dieses »Ticking« verleiht der Abessinier den begehrten Wildkatzen-Appeal.

Charakter Abessinier sind sehr intelligent, aufmerksam und temperamentvoll, manchmal aber auch etwas schreckhaft. Sie sind ausgezeichnete Jäger und brauchen bei reiner Wohnungshaltung viel Anregung, Beschäftigung und Bewegung. Die freundlichen und sehr anhänglichen Tiere haben ihren Menschen am liebsten immer um sich.

Anhänglich und etwas schüchtern
Russisch Blau

Herkunft Seeleute aus dem russischen Eismeerhafen Archangelsk brachten diese elegante Katze um 1860 erstmals nach Westeuropa. Weil die Rasse nach 1945 fast ausgestorben war, kreuzten viele Züchter Siamkatzen ein, um die Rasse überhaupt erhalten zu können.

Aussehen Schon der schlanke, aber athletische Körperbau, die strahlend grünen Augen und die markanten Schnurrhaarkissen machen die Russisch Blau zur Augenweide. Und natürlich das dichte, blaugraue Fell mit Silberschimmer. Gleich lange Unterwolle und Deckhaare geben ihm eine plüschartige Textur, der Schimmer entsteht durch transparente Haarspitzen.

Charakter Die »Russen« sind sehr lieb und verträglich. An ihrem vertrauten Menschen hängen sie mit hingebungsvoller Zärtlichkeit. Fremden gegenüber sind sie dagegen eher zurückhaltend. Lärm und Hektik schüchtern sie ein. Sie eignen sich auch für relativ kleine Wohnungen.

Gesellig und selbstbewusst
Sibirische Katze

Herkunft Sibirische Katzen kommen ursprünglich aus Russland und der Ukraine. Wie die Maine Coon und die Norwegische Waldkatze ist diese Rasse auf natürlichem Weg entstanden.

Aussehen Die Sibirische Katze ist kräftig, muskulös und mittelgroß. Der Kopf, ein kurzer Keil, wirkt harmonisch abgerundet, die mandelförmigen Augen stehen weit auseinander. Das halblange Fell besteht aus glattem, kräftigem, Wasser abweisendem Deckhaar, gegen Kälte schützt dichte, weiche Unterwolle – sie besitzen also ein typisches Waldkatzenfell mit markantem Brustlatz, »Hosen« an den Hinterbeinen und prachtvollem Schwanz. Zwischen den Zehen und an den Ohren trägt die Sibirische Katze Haarbüschel.

Charakter Die Katze mag Gesellschaft, schmust und spielt gern, braucht aber gelegentlich auch die Möglichkeit zum Rückzug. Sie ist selbstbewusst genug, ihrem Menschen deutlich klarzumachen, wann sie lieber in Ruhe gelassen werden will.

Verspielt und verschmust
Birma

Herkunft Hätte die Legende recht, dann wäre die »Heilige Birma« eine Tempelkatze aus Südostasien. Tatsächlich entstand die Rasse jedoch wahrscheinlich in Südfrankreich aus Kreuzungen von Siam- und Langhaarkatzen. Gezielt gezüchtet wird sie seit Mitte der 1920er-Jahre.

Aussehen Die Birma ist kräftig und muskulös, hat stämmige Beine und ein helles, seidiges, halblanges bis langes Fell mit wenig Unterwolle. Ebenso wie die Siam besitzt sie leuchtend blaue Augen und trägt im Gesicht, an den Ohren, den Beinen und am Schwanz dunklere Abzeichen. Ihre Pfoten sind schneeweiß. Die Kätzchen kommen mit kurzem, weißem Fell zur Welt.

Charakter Birmakatzen haben ein freundliches Wesen und vertragen sich gut mit Artgenossen und anderen Tieren. Sie schmusen und spielen gern und zeigen Geduld im Umgang mit Kindern. Sie sind weit lebhafter als Perser, aber auch entschieden ruhiger als ihre Siam-Vorfahren.

Von Katzen und Kätzchen

Mindestens zwei- bis dreimal im Jahr werden ausgewachsene Katze »rollig«, also paarungsbereit. Sie wälzen sich auf dem Boden, rufen in allen Tonlagen nach einem Kater und locken so die ganze männliche Katzen-Nachbarschaft herbei. Bevor es zur »Katzenhochzeit« kommt, gibt's Katerkämpfe und Gesänge. Und danach Katzenkinder, denn auf die Paarung folgt in der Regel die Trächtigkeit. Sie dauert etwa neun Wochen.

Mutterpflichten rund um die Uhr

Für ihre Niederkunft sucht die Katze sich ein geschütztes Plätzchen und bringt innerhalb weniger Stunden durchschnittlich drei bis fünf Junge zur Welt. Die Kleinen nehmen mit der ersten Muttermilch wichtige Abwehrstoffe auf und sind so etwa zwei Monate vor vielen Infektionen geschützt. In den ersten vier Wochen ihres Lebens werden sie fast rund um die Uhr von ihrer Mutter betreut. Sie wärmt, pflegt und nährt sie, massiert nach dem Stillen ihre Bäuchlein mit der Zunge und hält das Nest sauber, indem sie ihre Ausscheidungen aufnimmt.

Aller Anfang ist schwer

Als kaum 100 Gramm leichte Fellbündelchen mit dünnen Beinchen kommen Kätzchen auf die Welt. Blind, fast taub und unfähig, ihre Körpertemperatur stabil zu halten, sind sie völlig abhängig von der Mutterkatze. Und doch machen sie rasante Fortschritte. Mit zwei Wochen können sie bereits schnurren, Geräusche wahrnehmen, ihre Krallen einziehen und mit ihren blauen Babyaugen Schemen erkennen. Sechs Wochen alte Kätzchen haben bereits ihr volles Hörvermögen, eine stark verbesserte Sehkraft und ihr komplettes Milchgebiss. Sie putzen sich wie die Großen, benutzen das Katzenklo, turnen herum und spielen Fangen. Wenn sie die Gelegenheit haben, erlegen sie sogar schon Beute. Die Mutter säugt sie immer seltener, und mit acht Wochen sind sie meist vollständig entwöhnt.

Kontaktbereit: Gute Erfahrungen mit Menschen prägen sich 4 bis 7 Wochen alten Kätzchen tief ein.

Vom Fellknäuel zur Persönlichkeit

In null Komma nichts werden aus wuseligen Fellknäuel kleine Raubtier-Persönlichkeiten, jedes in seinem Wesen und Temperament ein bisschen anders als die übrigen Geschwister. Der Familienverband bleibt aber wichtig für ihre Entwicklung. Im Spiel miteinander und im Umgang mit der Mutter üben Kätzchen alle Verhaltensweisen der Erwachsenen ein und lernen so, sich mit ihren Artgenossen zu arrangieren. Mit zwölf, spätestens 16 Wochen haben sie ihre Lektionen gelernt, können ihre Menschen-Familie erobern und ihr neues Revier.
Sie stecken voller Tatendrang, sind beweglich wie Artisten und können so scharf sehen wie der sprichwörtliche Luchs. Mit einem halben Jahr ist auch der Zahnwechsel abgeschlossen. Die Kätzchen werden ruhiger, mit sieben bis neun Monaten ist die wildeste Zeit vorbei. Und dann regen sich die Triebe …

Das Pubertätsproblem

Kater haben es sozusagen im Urin. Der »duftet« plötzlich eindeutig nach Raubtierhaus und wird freigebig versprüht: Eine penetrante Werbebotschaft für rollige Katzendamen. Katzen und Kater in der »Hitze« haben nur noch das eine im Sinn. Ergebnis: Viel zu viele Katzenkinder, die kein liebevolles Zuhause finden. Für die beste Lösung des Problems sorgt der Tierarzt mit der Kastration – bei beiden Geschlechtern. Die Tiere vermissen nichts, wenn der Trieb verschwunden ist, und sie werden auch in ihrer weiteren Entwicklung nicht gestört. Denn die ist noch nicht abgeschlossen. Erst mit einem Jahr sind Katzen ausgewachsen. Viele erreichen ihre endgültige Größe aber erst mit zwei, einige Kater sogar erst mit drei Jahren. Zufrieden auf dem Schoß ihres Menschen schnurrend fühlt sich aber auch ein »Großer« wie ein behütetes Katzenkind.

Sensible **Phasen** der **Entwicklung**

TIPPS VON
DER KATZEN-EXPERTIN
Brigitte Eilert-Overbeck

Im Leben eines Kätzchens gibt es mehrere Prägephasen. In diesen kurzen Zeitspannen werden die Weichen für seine weitere Entwicklung gestellt.

AB DER 2. WOCHE setzt eine der wichtigsten Phasen ein; sie dauert bis zum Ende der 7. Woche. Jede positive Erfahrung mit der Umwelt vermittelt den Kleinen ein Stück Vertrauen, auch Selbstvertrauen. Wer sie behutsam mit den Familienmitgliedern, anderen Menschen, aber auch dem ganz normalen Haushaltsbetrieb vertraut macht, zieht aufgeschlossene Kätzchen heran.

VON DER 4. BIS ZUR 7. WOCHE fällt es dem Kätzchen besonders leicht, soziale Kontakte zu knüpfen – auch und vor allem zum Menschen. Streicheln, Schmusen und Spielen sind jetzt erwünscht. Und bitte: die Katzenmutter nicht vergessen, auch sie braucht Streicheleinheiten!

VON DER 8. BIS ZUR 12. WOCHE sind Kätzchen ausgesprochen »gesprächig«. Wer darauf eingeht, kann sich mit ihnen im Katzen-Mensch-Mischdialekt »unterhalten« – und macht sie fit für die Kontaktaufnahme in der neuen Familie.

Perfekte Jäger auf leisen Sohlen

Fell

Ein gepflegtes Katzenfell schützt vor kleineren Verletzungen, vor UV-Strahlung und Regen, und ist eine prima Klimaanlage. Und eine Ausdruckshilfe: Ärgerliche oder ängstliche Katzen sträuben ihr Fell, um sich größer zu machen und Gegner einzuschüchtern.

Schwanz

Immer schön im Gleichgewicht bleiben – dabei hilft der Schwanz mit seinen vielen Muskeln. Katzen setzen ihn als Steuerruder beim Springen oder als Balancierstange ein. Außerdem ist er Stimmungsbarometer und Ausdrucksmittel.

Pfoten

Katzen laufen auf Zehenspitzen. Das macht sie zu idealen Sprintern und Springern, die auch im vollen Lauf die Richtung wechseln können. Die Krallen sind vielseitige Werkzeuge: Sie dienen zum Klettern, Kämpfen oder Festhalten der Beute. Regelmäßiges Wetzen hilft dabei, sie scharf zu halten.

Ohren

Katzenohren hören mehr! Sogar Töne im Hochfrequenzbereich. Woher ein Geräusch kommt, stellt die Katze unter anderem mithilfe ihrer Ohrmuscheln fest. Sie kann diese »Schalltrichter« um fast 180 Grad drehen und sogar ganz leise Geräusche auffangen. Mit Ohrbewegungen zeigt sie auch an, wie ihr gerade zumute ist.

Augen

Katzen können räumlich sehen und Entfernungen gut einschätzen. Die Spiegelschicht im Auge verstärkt das Licht, das auf die Netzhaut trifft. Deshalb sehen Katzenaugen mit den erweiterten Pupillen besonders gut im Dunkeln.

Nase

Die Nase ist vor allem beim Prüfen des Futters wichtig, bei Begegnungen und beim Paarungsverhalten. Mit dem Nasenspiegel prüft die Katze außerdem die Temperatur eines Gegenstands, bevor sie ihn berührt.

Zunge

Die mit Hornhäkchen besetzte Katzenzunge ist ein Vielzweckinstrument: Sie dient als Waschlappen und Fellkamm, wird beim Trinken zum Schöpflöffel und raspelt die Fleischreste von den Knochen der Beutetiere.

Schnurrhaare

Die steifen und sehr sensiblen Tasthaare am Maul, über den Augen und an den Rückseiten der Vorderpfoten sind die Antennen der Katze. Damit spürt sie Hindernisse, bevor sie sie berührt und kann sich bei Dunkelheit sicher orientieren. Zudem tastet sie mit ihnen Beute oder fremde Gegenstände ab.

Bin ich ein »Katzenmensch«?

Knapp acht Millionen Katzen gibt es in deutschen Haushalten. Und mehr als 46 Millionen Autos bewegen sich im bestens ausgebauten Straßennetz, Busse, LKW und andere Verkehrsmittel nicht mitgerechnet. Das hat auf den ersten Blick nicht viel miteinander zu tun, macht aber deutlich, wie gründlich sich die Welt für unsere kleinen Jäger verändert hat. Wo findet eine Katze heute noch ergiebige Jagdgründe? Wo kann sie gefahrlos umherstreifen? Mehr denn je sind die Samtpfoten heute auf Schutz und Fürsorge angewiesen. Und auf Verständnis.

Samtpfötchens Ansprüche

Treue Eine Katze kann etwa 20 Jahre alt werden, mitunter sogar älter. Wenn Sie eine Katze möchten, gehen Sie also eine lange Verpflichtung ein. Das bedeutet auch: Sie sind bei Krankheit für sie da und sorgen für einen Betreuer, wenn Sie selbst sich einmal nicht kümmern können. Hinderungsgründe wie Katzenallergie oder Haustierverbot müssen Sie natürlich von vornherein ausschließen. Und: Ein harmonisches Zusammenleben gelingt nur, wenn die Katze allen Mitbewohnern willkommen ist.

Zuneigung auf Gegenseitigkeit: »Katzenmenschen« haben einen besonderen Draht zu den Samtpfoten und werden von ihnen bald als »Superkatze« anerkannt.

Versorgung Gut 500 Euro können jährlich für Futter, Streu, Tierarzt und kleine Extras fällig werden.

Toleranz Auch eine brave Katze kratzt gelegentlich an Teppichen oder Möbeln. Sie verliert das ganze Jahr über ein paar Haare, im Frühjahr und Herbst sogar richtig viele. Und sie lässt sich nichts befehlen und nur wenig verbieten. Manchmal trickst sie ihre Menschen einfach aus. Können Sie ihre Eigenheiten und Eigenschaften mit einem Lächeln ertragen – und vielleicht sogar genießen?

Revier Auch Stubentiger ohne Auslauf brauchen ihr Revier mit Schlafplatz, Futterplatz und Toilette. Sie brauchen Raum zum Umherstreifen, Ruhe- und Rückzugsmöglichkeiten, Kletter- und Kratzgelegenheiten. Haben Sie genügend Platz und sind Sie bereit, die Wohnung katzengerecht einzurichten?

Zuwendung Katzen wollen ihre Menschen um sich haben, wenigstens ein paar Stunden am Tag. Zum Schmusen, Streicheln, Spielen, als Versicherung:

»Meine Superkatze ist für mich da.« Nur so kann zwischen Mensch und Katze Vertrauen wachsen.

Beständigkeit Katzen lieben es, wenn das Leben in ruhigen, geordneten Bahnen verläuft. Sie brauchen einige Zeit, um etwa einen Umzug oder eine neue Partnerschaft ihres Menschen zu verkraften. Gut also, wenn bei Ihnen demnächst keine größeren Veränderungen anstehen.

Kätzchen oder Katze?

Zu den Eigenschaften eines Katzenmenschen gehört natürlich auch Geduld. Ganz besonders gilt das für den Umgang mit Katzenkindern. Es macht riesigen Spaß, Kätzchen aufwachsen zu sehen. Aber es kostet auch Nerven! Sie stellen in ihrer Sturm-und-Drang-Zeit leicht mal die ganze Wohnung auf den Kopf und bringen sich mit ihrer grenzenlosen Energie und Neugier oft selbst in Gefahr. Umsicht und Vorsicht sind also gefragt. Und ein gewisser Zeitaufwand: Die Kleinen brauchen drei bis fünf Mahlzeiten am Tag. Bis zu zwei Stunden sollten fürs gemeinsame Spiel reserviert sein. Außerdem braucht es Zeit, bis ein Kätzchen die Spielregeln des Zusammenlebens gelernt und akzeptiert hat. Wer über alle Eigenschaften eines Katzenmenschen verfügt, aber nicht ganz so viel Zeit aufwenden kann, muss deswegen nicht auf einen vierpfotigen WG-Partner verzichten: Es gibt nicht nur in den Tierheimen, sondern auch in manchem Privathaushalt oder bei Züchtern erwachsene Katzen, die »ihren« Menschen noch nicht gefunden oder ihn vielleicht verloren haben (→ Seite 23). Sie sind bedeutend ruhiger, legen keine Halbstarken-Manieren mehr an Tag und gewöhnen sich meist schnell ein. Anhänglich, liebevoll und zärtlich sind sie auch, vorausgesetzt, sie haben Vertrauen gefasst. Als Katzenmensch werden Sie ihnen das sicher leicht machen.

Katzenjahre – Menschenjahre

DIE LEBENSUHR einer Katze tickt anders als unsere. Eine einjährige Katze entspricht einem 15-jährigen Teenager, eine zweijährige ist nach Menschenjahren Mitte 20. Die nächsten vier Katzenjahre schlagen mit je fünf Menschenjahren zu Buch, bis zum 12. Geburtstag rechnet man für jedes weitere Jahr vier Menschenjahre, danach nur noch drei. Aber auch Katzen altern individuell.

Familienzuwachs auf Samtpfoten

Eine Katze muss nicht nur zu Ihnen, sondern auch in Ihre Familie passen. Grund genug, vor dem Einzug des neuen Mitbewohners einen Blick aufs häusliche Umfeld zu werfen.

Von Anfang an zu zweit Katzen sind keine mürrischen Einzelgänger. Warum also nicht Samtpfoten im Doppelpack aufnehmen? In vielen Katzenkinderstuben gibt es Geschwister, die am liebsten alles gemeinsam machen. Auch manches ausgewachsene Katzenpaar möchte auf dem weiteren Lebensweg zusammenbleiben. Für Wohnungskatzen jedenfalls, die tagsüber ohne ihren Menschen auskommen müssen, ist der Artgenosse im »Revier« die beste Versicherung gegen Langeweile. Gemeinsam mit dem vertrauten Kumpel gewöhnen sich Katzen in ihrer neuen Umgebung schneller ein –

Katzen schlafen und dösen für ihr Leben gern. Aber sie brauchen auch Anregung – zum Beispiel durch einen Artgenossen.

und der Mensch bekommt die doppelte Dosis Katzenliebe. Ob Sie sich für zwei Kater, zwei Katzen oder ein gemischtes Doppel entscheiden, spielt keine große Rolle: Tiere, die von Anfang an zusammen sind, vertragen sich meist auch später gut. Im Übrigen müssten Sie Ihre Katze(n) ohnehin kastrieren lassen, wenn Sie nicht züchten wollen.

Die Zweitkatze Auch wenn Sie bereits eine Katze haben, gibt es viele Gründe, eine zweite Katze in die Wohngemeinschaft aufzunehmen. Meist ist es am günstigsten, einem erwachsenen Tier ein Kätzchen zuzugesellen. Es passt sich leichter an als eine ältere Katze und wird bereitwilliger akzeptiert. Nur in einigen Fällen ist davon abzuraten:

> Ihre Katze ist bereits im hohen Seniorenalter oder bei schlechter Gesundheit. Ein Jungtier, gar ein kleines Temperamentbündel, bedeutet viel zu viel Stress.

> Ihre Katze hat den langjährigen Kumpel verloren und vermisst ihn. Wahrscheinlich kann sie mit einem Katzenkind gar nichts anfangen. Halten Sie lieber Ausschau nach einer älteren Katze, die sich gut mit Artgenossen versteht. Es gibt solche kleinen »Sozialgenies« nicht nur unter Tierheimkatzen.

> Ihre Katze ist seit Jahren glücklich mit der Solo-Rolle und Sie nehmen sich genügend Zeit für sie. Mit Vermittlung durch ihren Menschen (→ Seite 31) lassen sich die meisten Katzen zumindest so aneinander gewöhnen, dass sie sich vertragen. Kater tun sich dabei meist weniger schwer als Katzendamen. Freundschaft schließen die Samtpfoten leichter, wenn sie im Wesen zueinanderpassen oder sich ergänzen: Eine schmusige »Schoßklette« hat weniger Grund zur Eifersucht, wenn die Neue eher zur spielfreudigen Fraktion gehört als zu den Schmusekatzen.

Vorsichtige Annäherung: Es braucht ein bisschen Zeit und viel Geduld, bis die ältere Katze mit dem Neuankömmling Freundschaft schließt.

Zwei wie Hund und Katze können sich ganz hervorragend verstehen – wenn der Mensch zwischen den beiden geschickt vermittelt.

Katz und Hund Sie vertragen sich weit besser als das Sprichwort nahelegt. Geschickte Gewöhnung (→ Seite 31) ist trotzdem nötig: Die unterschiedlichen Sprachen beider Tiere führen anfangs leicht zu Missverständnissen. Ein gut erzogener Familienhund wird ein Kätzchen meist akzeptieren. Eine ältere Katze, die schlechte Erfahrungen mit Hunden gemacht hat und prophylaktisch Ohrfeigen verteilt, wird sich weniger gut anpassen. Bestimmte Rassen (z. B. Terrier-Arten) tun sich schwer, den samtpfotigen Genossen als Familienmitglied zu respektieren.

Andere Haustiere Große Kaninchen und sanftmütige Katzen lassen sich mit Geduld aneinander gewöhnen. Lassen Sie die Tiere aber trotzdem nicht miteinander allein. Meerschweinchen, andere Kleinnager und Vögel passen ins Beuteschema unserer Samtpfoten. Sie fühlen sich in Gesellschaft der »Räuber« meist selbst dann unbehaglich, wenn sie in ihren sicheren Käfigen oder Gehegen sitzen. Wohler fühlen werden sich die Kleintiere in einem Raum, zu dem die Katze keinen Zutritt hat.

Kind und Katze Zwei, die sich prima verstehen – wenn das Kind gelernt hat, Rücksicht zu nehmen und sanft mit Tieren umzugehen. Meist ist das bei Kindern ab dem Schulalter der Fall, selbstständig versorgen kann ein Kind die Katze aber frühestens ab dem 12. Lebensjahr. Und auch dann bleibt die Verantwortung für die Katze bei den Erwachsenen.

Freigänger oder Stubentiger?

Keine Frage: Katzen lieben es, frei umherzustreifen. Aber das ist nur dort möglich, wo keine Autos fahren, kein Jagdgebiet in der Nähe liegt und die Nachbarn nichts gegen Katzen haben. Ein guter Kompromiss ist der eingezäunte Garten, auch ein Freiluftgehege ist nicht zu verachten (→ Seite 53). Zum Glück kann selbst eine Etagenwohnung ohne Auslauf zum anregenden Katzenrevier werden (→ Seite 24/25). Entscheiden Sie sich in diesem Fall am besten für ein Kätzchen, das in der Prägezeit (bis zur siebten Lebenswoche) im Haus gehalten wurde. Es wird die gefährliche Freiheit gar nicht erst vermissen.

Prima Gefährten

Menschen und Katzen passen wunderbar zusammen. Aber nicht jede Katze und jeder Mensch. Ob aus beiden ein tolles Team wird, liegt nicht zuletzt an der Vorbereitung des neuen Zuhauses. Zudem ist auch die Herkunft des neuen Hausgenossen wichtig.

Gute Partnerschaft von Anfang an

Zunächst gilt es zu überlegen, wie man an eine Samtpfote kommt. Manchem wird die Entscheidung aus der Hand genommen. Von einer Katze, die – aus welchen Gründen auch immer – neuen Familienanschluss sucht. Sie steht eines Tages auf der Matte und macht deutlich: »Ich will mit dir leben!« Die Tiere scheinen ein gutes Gespür für »Katzenmenschen« zu haben: Eine solche Adoption mündet meist in eine glückliche Beziehung fürs ganze Katzenleben. Es gibt jedoch ein Risiko: Der adoptierte Mensch muss melden, dass ihm eine Katze zugelaufen ist. Erst wenn sich nach einem halben Jahr kein Besitzer findet, darf er sie behalten.

Es kommt auch vor, dass Katzen ihren Menschen überleben oder dass ihr Besitzer plötzlich aus irgendeinem Grund nicht mehr für sie sorgen kann. Jetzt sind die viel zitierten »guten Hände« gefragt. Ihre? Vielleicht kennen und mögen Sie die Katze ja schon. Dann ist die Second-Hand- eine First-Class-Katze. Sie kennen ihre Gewohnheiten und Vorlieben, und die Katze ist bereits gut erzogen. Jetzt braucht sie nur noch Ihr Verständnis, um den Umbruch in ihrem Leben gut zu verkraften.

Ein Kätzchen soll es sein

Es hat seinen besonderen Reiz, ein Kätzchen (oder zwei) beim Heranwachsen zu begleiten. Katzennachwuchs gibt's fast immer irgendwo, und jedes Tierchen ist hinreißend. Aber nicht jeder entzückende Kobold ist der richtige Partner für jeden Menschen und jedes Umfeld. In der Katzenkinderstube werden die Weichen gestellt: Vertrauensvoll und aufgeschlossen oder eher skeptisch und scheu? Ein-Mensch-Katze oder Familientier? Etagentiger oder Freigänger? Es lohnt sich also, genau zu prüfen, aus welchem »Stall« das Kätzchen kommt.

Wer die Wahl hat, …

Suchen Sie ein Kätzchen, das schnell Vertrauen fasst und eine gute »Grunderziehung« mitbringt? Dann heißt die goldene Regel: Achten Sie auf die Kinderstube Ihres künftigen Hausgenossen! Schauen Sie sich an, wo und wie die Katzenmutter und ihre Jungen leben. Ob Schlaf-, Futter- und Toilettenplätze hygienisch sauber sind und die Tiere einen gesunden und gepflegten Eindruck machen. Vor allem, ob sie von ihren Menschen liebevoll versorgt werden und Familienanschluss haben. Kätzchen, die so geborgen aufwachsen, haben in den Prägephasen (→ Seite 13) positive Erfahrungen gemacht. Sie werden sich bei Ihnen bald heimisch fühlen. Sind sie geimpft, entwurmt und frei von anderen Parasiten, können Sie ihnen zunächst Tierarztbesuche ersparen und haben einen entspannten »WG-Start«.

Gute Kinderstube – guter Start ins Leben: Wenn die Mama Vertrauen zum Menschen hat, überträgt sich das auch auf die Kleinen.

Ein Rassekätzchen vom Züchter

Die »goldene Regel« gilt auch für den Kauf eines Rassekätzchens. Zusätzlich ist hier wichtig: Suchen Sie sich solche Tierchen nur bei einem seriösen Züchter aus! Züchter-Dachverbände (→ Seite 62) nennen Ihnen auf Wunsch Adressen in der Nähe Ihres Wohnorts. Wer züchten will, muss einem Verein oder Verband angehören und sich an dessen strenge Auflagen halten. Sie können einem Züchter vertrauen, wenn er

› mit seinen Katzen so umgeht, wie es in der »goldenen Regel« beschrieben ist. Selbst ein eventuell separat untergebrachter Deckkater sollte »zur Familie« gehören und genug Zuwendung erhalten;

› kein Kätzchen vor der 12. Lebenswoche abgibt;

› Kaufvertrag und Papiere (Ahnentafel, Gesundheitsattest und Impfnachweis vom Tierarzt) für selbstverständlich hält;

› wissen will, wie die Tiere bei Ihnen leben werden, sich viel Zeit für Ihre Fragen nimmt und bereit ist, Ihnen nach dem Kauf mit Rat zur Seite zu stehen. Für ein Rassekätzchen müssen Sie mindestens 600 Euro ausgeben. Denn Katzenzucht ist ein zeit- und kostenintensives Hobby: Hochwertiges Futter schlägt zu Buche, ebenso Gesundheits- und Vereinskosten, Deckgebühren (um 500 Euro) oder die Ausgaben für eine katzengerechte Wohnungsausstattung. Teilnahme an Ausstellungen ist teuer, aber unumgänglich: Nur sehr gut bewertete Tiere werden zur Zucht zugelassen. Und was bekommen Sie für Ihr Geld? Ein gesundes, zutrauliches, in Aussehen und Charakter für seine Rasse typisches Katzenkind. Einen liebevollen Gefährten für viele Jahre. Im Grunde unbezahlbar.

Eine zweite Chance: die Tierheimkatze

Sie möchten auch etwas für den Tierschutz tun? In den Heimen der Tierschutzvereine oder durch Vermittlung von Katzenschutzgruppen finden Sie Katzen und Kätzchen, die vernachlässigt, abgeschoben oder ausgesetzt wurden. Die Heime stehen unter tierärztlicher Kontrolle, auch die Schutzgruppen arbeiten mit Tierärzten zusammen. Sie brauchen also nicht zu befürchten, sich eine kranke Katze ins Haus zu holen. Informieren Sie sich bei den Pflegern so gut wie möglich über die Katze Ihrer Wahl – und akzeptieren Sie, dass sie etwas länger braucht, um Vertrauen zu fassen, und dass aus ihr vielleicht nie eine unkomplizierte Familienkatze oder ein Schmusetier wird. Wenn Sie ihr trotzdem eine Chance geben und Geduld aufbringen, gewinnen Sie am Ende doch ihre Freundschaft. Ob Sie sich für ein junges oder ausgewachsenes Tier entscheiden, ist unerheblich: Auch ältere Katzen schließen sich nach einiger Zeit einem neuen Menschen an – wenn er ihr Vertrauen gewinnen kann.

Was bei Streunern zu beachten ist

Ein herrenloses Tier hat sich in Ihr Herz geschlichen? Daraus kann eine innige Beziehung werden (→ Seite 21). Aber Sie brauchen bei einem solchen Tier ebenso wie bei der Tierheimkatze viel Geduld und Verständnis. Und einen guten Tierarzt, denn der (Ex-)Streuner sollte so bald wie möglich untersucht, von Parasiten befreit und geimpft werden. Manche Streuner allerdings sind und bleiben menschenscheu, weil sie niemals geprägt wurden. Wer ihnen helfen will, unterstützt Tierschutzprojekte, die nicht nur für Futter und wetterfeste Unterschlüpfe sorgen, sondern vor allem dafür, dass die Tiere kastriert werden. So verelenden sie nicht durch ungebremste Vermehrung.

So erkenne ich eine gesunde Katze

TIPPS VON
DER KATZEN-EXPERTIN
Brigitte Eilert-Overbeck

NEUGIERIGES VERHALTEN sollte sein. Zwar darf ein Kätzchen auch mal müde sein, und es gibt Temperamentsunterschiede – doch Vorsicht, wenn das Tier apathisch wirkt und nicht reagiert.

KLARE AUGEN, keine Tränen, keine Verkrustungen, die Nickhaut (das 3. Lid) bleibt unsichtbar.

ROSA ZAHNFLEISCH und Schleimhaut, weiße Zähne ohne Belag.

SAUBERES NÄSCHEN ohne Ausfluss. Es darf leicht feucht und kühl oder warm und trocken, aber nicht rissig sein. Die Ohrmuscheln müssen sauber und geruchsfrei sein.

GLATTES, DICHTES FELL ohne Knoten und Verfilzungen.

STRAFFER, FESTER KÖRPER mit schlanken, aber nicht eingefallenen Flanken.

SAUBERE AFTERREGION ohne Verkrustungen.

GUTER GESAMTEINDRUCK: ruhige, gleichmäßige Atmung, geschmeidiger Gang, glatte Pfotenballen ohne Wunden und Risse.

Alles für die Katz' – die Grundausstattung

Wenn Ihr neuer Hausgenosse sich erst einmal bei Ihnen heimisch fühlt, betrachtet er Ihre Wohnung mit allem Drin, Drum und Dran als sein Revier und seinen persönlichen Besitz. Ein paar Utensilien braucht er trotzdem für sich allein. Besorgen Sie diese Dinge vor dem Einzug – die Samtpfote versteht es als »Herzlich willkommen«.

»Ich kratze, also bin ich …

… der Herr im Haus.« Ein großer, standfester Kratz- und Kletterbaum oder eine gleichwertige Wetzgelegenheit ist aus der Katzen-Grundausstattung nicht wegzudenken. Denn Krallenwetzen ist für Katzen nicht nur Gymnastik und Waffenpflege. Sie zeigen damit auch an: »Hier ist mein Revier, und hier bestimme ich!« Für Stubentiger dürfen es gern ein paar Kratzpfosten und -ecken mehr sein, verteilt auf mehrere Zimmer. Andernfalls werden sonst auch Ihre Möbelstücke unter die Kralle genommen.

Von Tisch und Bett

Katzen brauchen ihr eigenes Essgeschirr: Pro Tier je einen Napf für Nass- und Trockenfutter, am besten aus Keramik oder Edelstahl, platziert auf einer abwaschbaren, rutschfesten Matte. Einen Wassernapf braucht die Katze ebenfalls, allerdings muss er mindestens zwei Meter vom Essplatz entfernt stehen: Wie ihre wilden Vorfahren zieht die Katze nach der Mahlzeit zur Wasserstelle.
Zum Zurückziehen gibt's ein Körbchen mit Kuschelkissen oder -decke. Vielleicht sucht Ihr neuer Hausgenosse sich aber seinen Schlafplatz lieber selbst aus: Halten Sie für diesen Fall zusätzliche Decken und Kissen bereit. Denn Katzen mögen's weich …

Für Sauberkeit und Pflege

Schaffen Sie am besten gleich zwei Katzentoiletten an – und eine mehr, falls Sie sich für das Katzen-Duo entschieden haben. Platzieren Sie die Schalen an ruhigen, leicht zugänglichen Stellen, weit entfernt von den Futter- und Schlafplätzen. Kätzchen bevorzugen ein Klo mit niedrigem, nur etwa zehn Zentimeter hohem Rand oder mit Extra-Einstieg, später darf der Rand höher sein. Verwenden Sie zunächst die Streu, die das Tier aus dem ersten Zuhause kennt – das macht das Eingewöhnen leichter. Für ihre gepflegte Erscheinung sorgen Katzen zwar weitgehend selbst, Fellpflege-Utensilien wie Kamm und Bürste (→ Seite 37/38) sollten aber auch für Kurzhaartiger zur Unterstützung vorhanden sein. Für Langhaarige brauchen Sie zusätzlich noch ein Trennmesser zum Aufschneiden von Filzknoten. Wenn Sie zu guter Letzt noch das eine oder andere Spielzeug parat haben – Bällchen, Stoffmäuse, Katzenminze-Säckchen –, sind Sie für das neue Familienmitglied bestens ausgerüstet.

Wasserstellen gut verteilt

PLATZIERUNG Katzen trinken mehr, wenn ihr Wassernapf nicht neben dem Futterplatz steht. Trinken ist besonders wichtig, wenn die Tiere nur Trockenfutter bekommen.
MEHRERE WASSERSTELLEN Verteilen Sie Trinkschalen z. B. auf verschiedenen Fensterbänken. Daneben kommt noch eine Schale mit Katzengras – fertig ist die perfekte »Indoor-Savanne«.

GUT GEBETTET Ob Weidenkörbchen oder Kuschelhöhle: Katzen ziehen sich zum Schlafen gern an einen geschützten Platz zurück. Manche lassen das Körbchen aber auch bis auf weiteres links liegen und schlafen lieber auf dem Schrank oder – wenn's denn erlaubt ist – im Menschenbett. Am Tag lassen sie sich gern auch mal an Plätzen nieder, an denen es etwas zu beobachten gibt, bevor sie wieder dösen. Schön, wenn sie auf diesen Vorzugsplätzen Decke oder Kissen zum Kuscheln finden.

FITNESSCENTER Ohne einen großen Kratzbaum geht bei Katzen gar nichts! Auch nicht bei solchen, die draußen an echten Bäumen kratzen können. Mit Verzweigungen zum Klettern wird der Baum zum idealen Fitnesscenter für Stubentiger. Wer ihn noch interessanter gestalten will, hängt wechselndes Spielzeug dran: Mal eine Plüschmaus, mal ein Bällchen mit klingelndem Innenleben. Oder ein paar Korken am Gummiband tanzen lassen.

EIN EIGENER NAPF Katzen futtern aus dem eigenen Napf, nicht aus Tellern oder Schalen! Wählen Sie stabile Keramik- oder Edelstahlnäpfe, Plastik bekommt Risse und wird unhygienisch.

Herzlich willkommen – die Eingewöhnung

Nehmen Sie sich Zeit, wenn Ihr neuer Hausgenosse einzieht. Mindestens ein Wochenende, besser ein paar Tage länger. So kann er sich langsam an Sie gewöhnen und die neuen Eindrücke verarbeiten. Falls Sie die Katze selbst mit dem Auto abholen, brauchen Sie einen stabilen, wasserdichten und leicht zu reinigenden Transportbehälter. Diese sichere »Sänfte« dient später auch für die Fahrten zum Tierarzt. Neben Boxen aus Hartplastik gibt es auch Taschen, die alle Ansprüche erfüllen. Dekorativ und praktisch sind die allemal, allerdings müssten Sie dafür auch tiefer in die Tasche greifen: 80 bis 90 Euro kostet so ein Exemplar.

Nehmen Sie für die Fahrt am besten eine zweite Person mit. Einer konzentriert sich aufs Fahren, der andere redet dem Passagier (oder den Passagieren) im Transportbehälter beruhigend zu. Geht ein Stück »alte Heimat« mit auf die Reise – eine Decke, ein Kissen, ein Spielzeug –, beruhigt das ebenfalls.

Für einen guten Start richten Sie vorher zu Hause alles so her, dass der Neuankömmling seine Grundausstattung schnell in Besitz nehmen kann. Der »Katzentisch« mit den Futternäpfen steht schon in der Küche, die Toiletten in geschützten Nischen, das Schlafkörbchen in einer zugfreien Ecke. Wenn Sie kätzische Bettbesuche nicht grundsätzlich ablehnen, ist das Schlafzimmer ein guter Platz. Den Kratz- und Kletterbaum installieren Sie am besten zwischen Schlaf- und Futterplatz (z. B. in der Diele), und zwar so, dass er von seinen Liegeflächen aus einen guten Überblick bietet. Das kommt zwei Vorlieben entgegen: Nach dem Schlafen und vor dem Futtern demonstriert die Samtpfote gern per Kralle ihren Revieranspruch; außerdem liebt sie Aussichtsplätze. Höhlenartige Verstecke mag sie auch – bieten Sie ihr mehrere solcher Wohlfühlplätze an.

In aller Ruhe entdecken Ist der Familienzuwachs angekommen, schließen Sie alle Fenster und nach

Auf dem Teppich bleiben und geduldig abwarten: Irgendwann wird die Katze doch neugierig und kommt von selber auf den Menschen zu.

Da kann keine Katze widerstehen – wenn der Mensch auf dem Boden zum Spielen einlädt oder einen Leckerbissen aus der Hand anbietet.

Vorsicht, **Gefahr!**

SICHERHEITSCHECK Ein Muss vor dem Einzug Ihres neuen Hausgenossen ist ein Sicherheitscheck! Überprüfen Sie alle Schlupfwinkel. Halten Sie Haushaltsgeräte mit Türen (z. B. Waschmaschine oder Trockner) und alle Behältnisse mit Deckel stets geschlossen. Reiben Sie Stromkabel mit Japanöl ein, um Beißversuche zu verhindern. Stellen Sie giftige Zimmerpflanzen außer Reichweite (→ Seite 40).
UNTER VERSCHLUSS Medikamente, Putzmittel und Chemikalien gehören unter Verschluss. Ebenso Nadeln, Garn, Gummis, Stanniol und Wollfäden (Gefahr für Magen und Darm), aber auch Knöpfe oder Murmeln – eben alles, was verschluckt werden kann. Auch Plastiktüten sind eine Gefahr – die Katze könnte darin ersticken.

draußen führenden Türen, bevor Sie den Transportbehälter öffnen. Stellen Sie ihn am besten so ab, dass die Katzentoilette gleich ins Blickfeld gerät – meist wird die Gelegenheit dankbar wahrgenommen. Und dann lassen Sie die Samtpfote ihre neue Heimat entdecken. Behalten Sie sie im Auge, aber lassen Sie das Tier so weit wie möglich in Ruhe, und bitten Sie die anderen Mitbewohner um Rücksicht.
Ein sicherer Rückzugsraum Geht es bei Ihnen turbulent zu und/oder haben Sie noch andere Tiere, richten Sie am besten zunächst nur ein Zimmer als Empfangsraum her. Von dort aus kann die Katze langsam und vorsichtig die übrigen Räume erobern. Statten Sie das Zimmer mit Körbchen, Essplatz, Wassernapf und Toilette aus. Eine Kratzgelegenheit gibt es selbstverständlich auch, fürs Erste tut's ein preiswerter Pfosten aus Wellpappe.

Wohlfühlen leicht gemacht

Aller Anfang ist schwer. Für ein kleines Kätzchen, das von Mutter und Geschwistern getrennt wurde, ebenso wie für ein älteres Semester, das sich plötzlich in eine neue Umgebung versetzt sieht. Sie als »Superkatze« können der Samtpfote aber über das Fremdeln hinweghelfen. Am besten, indem Sie sich zunächst scheinbar gar nicht um sie kümmern. Seien Sie einfach da, sprechen Sie freundlich zu ihr, aber unterbrechen Sie jeden Blickkontakt rasch durch Blinzeln oder kurzes Wegschauen. Katzen halten es ebenso, wenn sie sich gegenseitig ihrer friedlichen Absichten versichern. Rollen Sie ein Bällchen oder lassen Sie ein Band schlängeln. Aber bleiben Sie dabei buchstäblich auf dem Teppich, sodass Sie sich beide auf Augenhöhe begegnen. Streicheln Sie das Tier erst, wenn es an Ihrer Hand geschnuppert hat – dann ist der erste Kontakt geschlossen und der Anfang gemacht.

Der Stubentiger und sein Revier

Ihr neuer Hausgenosse soll sein Revier ausschließlich in der Wohnung haben? Dann sind Sie schon eine ganze Menge Sorgen los, denn ein Stubentiger ist weit weniger Gefahren ausgesetzt als frei laufende Artgenossen. Sie stehen aber auch vor einer Herausforderung: Schließlich soll sich die Katze in den gemeinsamen vier Wänden wohlfühlen, ihre angeborenen Vorlieben so weit wie möglich ausleben können und genug Anregung für ihre natürliche Intelligenz finden. An Ihnen liegt es, den größten Feind der Wohnungskatze unschädlich zu machen: die Langeweile. Je besser Ihnen das gelingt, desto besser klappt's mit der Wohngemeinschaft. Wenn Sie sich gleich für zwei Katzen entschieden haben, ist das schon mal eine große Hilfe. Aber noch manch anderes will bedacht sein.

Alles meins! Eine katzengerecht eingerichtete Wohnung kann aus einem Stubentiger einen stolzen Revierbesitzer machen.

Überall ist Katzenland Stubentiger wollen die ganze Wohnung nutzen. Sollen sie sich aus bestimmten Räumen, etwa dem Schlafzimmer, heraushalten, muss die Tür eben geschlossen bleiben. Solche »Reviergrenzen« werden meist akzeptiert. In einer katzengerechten Wohnung gibt es davon aber nur wenige. Dafür aber viele Versteckmöglichkeiten in Nischen, hinter Vorhängen, in einem leeren Karton mit Einschlupfloch. Solche mobilen Verstecke eignen sich als Überraschung zwischendurch. Wenn Sie außerdem an mehreren Stellen Wetzgelegenheiten installieren (z. B. mit Sisal bespannte Kratzbretter), tun Sie nicht nur dem Stubentiger etwas Gutes, sondern auch Ihren Möbeln und Teppichen. Katzen wollen freilich nicht nur auf dem Teppich bleiben. Geben Sie also die »zweite Ebene« frei! Mit Kissen auf der Fensterbank, Liegemulden an der Heizung, einer Sisalmatte im Regalfach oder einer gefalteten Wolldecke auf dem Schrank schaffen Sie attraktive Katzenplätze. Vielleicht gönnen Sie dem kleinen Aufsteiger auch Kletterhilfen wie Leitern oder Tau. Wird dann noch der gesicherte Balkon zum komfortablen Katzen-Luftkurort, ist der Stubentiger rundum glücklich. Ob Sie einen Balkon so mit Netzen (Zoofachhandel) sichern dürfen, dass eine geschlossene Veranda entsteht, müssen Sie zuvor mit dem Vermieter klären. Solche »Lauben« lassen sich mit Kletterbaum, Schutzhöhle und einem »Urwald« aus unbedenklichen Pflanzen wie Bambus, Grünlilie, Zypergras, Thymian und Katzenminze zum kleinen Katzenparadies gestalten.

Wohn(t)räume Versetzen Sie sich in die Wunschwelt der Samtpfoten. Katzen wollen ihr Revier durchstreifen und aus unterschiedlichen Perspektiven –

Sportliche Herausforderung: Dicke Taue laden zu Streck-, Dehn- und Greifübungen ein und auch zum Kratzen, Klettern und Balancieren. Solche Seile und ein Kratz- und Kletterbaum machen selbst ein kleines Wohnungsrevier zum wahren Fitness-Parcours.

gern von oben – betrachten. Sie wollen sich in sichere Verstecke zurückziehen, schlafen und dösen, Beutetiere belauern und Gesellschaft genießen, wenn ihnen danach ist. Die meisten Wünsche können Sie erfüllen. Und für die unerfüllbaren – Lauern und Jagen – haben Sie Ersatz: Regelmäßige Spielzeiten! Schalten Sie zuvor aber Gefahren aus.

Sicherheit geht vor Nicht nur im Freien lauern Gefahren. Auch scheinbar harmlose Dinge im Haushalt können für Katzen gefährlich sein (→ Seite 27, Tipp). Im Spalt von Kippfenstern können sich vor allem kleine Katzen tödlich verletzen – bringen Sie deshalb unbedingt Sicherungen (Fachhandel) an. Einsätze aus Draht, Fiberglas oder Nylongarn machen offene Fenster absturzsicher. Auch der Balkon sollte mit einem Katzenschutznetz gesichert sein. Vorsicht auch am Herd! Er gehört zu den Tabu-Plätzen. Machen Sie heiße Herdplatten oder Kochfelder nach dem Kochen sofort unzugänglich, indem Sie einen Topf kaltes Wasser daraufstellen.

Der Katzenknigge

Katzen haben ihre eigenen Umgangsregeln. Damit vermeiden sie untereinander eine Menge Stress. Ihr neuer Hausgenosse fasst schneller Vertrauen und fühlt sich besser verstanden, wenn auch Sie diese Regeln beachten.

Tut gut

+ Sagen Sie »Hallo«, wenn Sie einander über den Weg laufen. Befreundete Katzen grüßen einander mit einem Gurr-Laut. Von Ihnen akzeptieren sie auch »Na«, »Murr« oder ihren Namen.

+ Halten Sie vor dem Streicheln die Hand zum Beschnuppern hin. »Duftkontrolle« gehört unter Katzen zum guten Ton.

+ Machen Sie aus dem Füttern und den täglichen Spielrunden Rituale, die stets zur gleichen Zeit stattfinden. Erfreuliche, gleich bleibende Abläufe vermitteln Verlässlichkeit und Geborgenheit.

+ Blinzeln Sie, wenn Sie Ihre Katze anschauen. Dies gilt unter Katzen als Lächeln und Versicherung: »Ich will dich nicht belästigen.«

Besser nicht

− Packen Sie Ihre Katze nicht einfach, um sie auf den Arm zu nehmen. Zugriffe von oben lösen Angst aus, das Tier fühlt sich als »Beute«. Besser: Die Katze ansprechen und sie so aufheben, dass eine Hand den Brustkorb umfasst und die andere das Hinterteil stützt.

− Sehen Sie von Renovierungen und Möbelumstellungen ab, solange sich die Katze bei Ihnen nicht völlig sicher fühlt. Und auch dann behutsam vorgehen!

− Vermeiden Sie Lärm und Hektik. Beides wirkt alarmierend, weil es unter Katzen nur in absoluten Stresssituationen laut und hektisch zugeht.

− Stören Sie Ihre Katze nicht beim Schlafen oder beim Fressen.

Willkommen in der Tier-WG

Wenn andere Tiere zur Familie gehören, ist Ihr Vermittlungstalent gefragt, dazu Geduld und Nervenstärke. Je weniger Sie erzwingen wollen, desto besser wird es funktionieren.

Katze und Katze Bringen Sie den Neuankömmling im Empfangsraum (→ Seite 27) unter und gehen Sie Ihrer alteingesessenen Katze tüchtig um den Bart. Lassen Sie dann die »Neue« die Wohnung erkunden, während Sie gemeinsam mit der Altkatze das Empfangszimmer inspizieren. Geben Sie ihr dort ein paar Leckerbissen, um eine positive Verknüpfung mit dem Geruch der Neuen zu schaffen. Rubbeln Sie beide vor dem ersten Zusammentreffen mit einem von Ihnen getragenen Wollpullover ab. Dieser Geruch sagt: »Wir gehören zur gleichen Sippe.« Das stimmt milder. Loben Sie Ihre erste Katze, wenn sie sich friedfertig verhält. Lassen Sie beide anschließend aus gegenüberstehenden Futternäpfen fressen. Toll, wenn sofort alles klappt. Seien Sie aber nicht entmutigt, wenn Sie das Ritual öfter wiederholen müssen.

Katze und Hund Auch hier bewährt sich der separate Empfangs- und Rückzugsraum. Bei den ersten Zusammentreffen sollte der Hund angeleint sein und die Katze sich schnell zurückziehen können. Konzentrieren Sie sich auf den Hund und belohnen Sie ihn, wenn er die Katze ignoriert. Füttern Sie

beide im gleichen Raum an getrennten Plätzen, sobald sie sich einigermaßen dulden. Erlauben Sie dem Hund nie, auf die Katze loszustürmen, aber loben und belohnen Sie ihn, wenn er sich dem neuen Mitbewohner behutsam nähert.

Katze und Kleintiere Wo Nager, Zwergkaninchen und Vögel stressfrei leben sollen, muss das »Katzenrevier« enden. Nur Katzen und große Kaninchen kann man bedingt aneinander gewöhnen (→ Seite 18/19). Lassen Sie beide trotzdem nicht miteinander allein!

Kaninchenflüsterer: Zwischen Samtpfote und Langohr kann sich ein kuscheliges Verhältnis einstellen. Der Mensch sollte die beiden bei ihren Annäherungen trotzdem im Auge behalten.

Gesund und munter

Studien belegen: Katzenhalter sind seelisch ausgeglichener und gesünder. Katzen sind gut für Ihr Wohlbefinden! Und Sie können im Gegenzug eine ganze Menge dafür tun, dass Ihre Katze ein langes, gesundes und glückliches Leben führt.

Katzen-Gesundheitsminister Mensch

Katzen teilen ihren Artgenossen und uns eine Menge mit. Über Krankheiten allerdings »reden« sie so gut wie gar nicht. Dieses Tabu ist ein Erbe der wilden Verwandtschaft: Nur keine Schwäche zeigen und damit eventuelle Fressfeinde herausfordern! Die Möglichkeit, einen Artgenossen um Hilfe zu bitten, kennen sie nicht. Umso aufmerksamer muss die Superkatze sein. Zum Glück kann der Mensch als »Gesundheitsminister« sehr viel dazu beitragen, dass die Samtpfote in guter Verfassung bleibt und auch in späteren Jahren ihr Leben genießt.

Achten Sie deshalb unbedingt auf eine ausgewogene Ernährung (→ Seite 34–36)! Sie versorgt die Katze mit Energie und liefert dem gesamten Organismus die nötigen Vital- und Aufbaustoffe – für geschmeidige Muskeln, stabile Knochen, gesunde Haut, ein leistungsfähiges Immunsystem und eine gute Verdauung. Es muss übrigens nicht einmal viel Mühe bereiten, etwas richtig Gutes und Gesundes auf den Katzentisch zu bringen.

Vorbeugen ist besser ...

Katzen sind von Natur aus reinlich und putzen sich pro Tag gut drei Stunden lang. Unterstützen Sie dies durch gute Pflege (→ Seite 37/38). Sie halten Ihrer Katze damit viele Gesundheitsgefahren vom Leib. Überprüfen Sie auch regelmäßig, ob Ihr Tiger gesund ist (→ Seite 23).

Für die Abwehr von Infektionen, Parasiten oder bei anderen Gesundheitsstörungen brauchen Sie einen kompetenten Tierarzt (→ Seite 39/40), er ist auch für die regelmäßigen Auffrischungsimpfungen (→ Seite 41/42) zuständig. Doch auch gesunde Katzen brauchen einen jährlichen Gesundheitscheck: Auch wenn Ihr kleiner Held gegen den Praxisbesuch protestieren wird – Vorbeugen ist besser als Heilen!

Guten Appetit! Die richtige Katzenernährung

Von Natur aus sind Katzen Fleischfresser. Sie leben aber nicht vom Fleisch allein. Das Beutetier ist vielmehr eine natürliche »Vollwertkost«, denn die kleinen Jäger fressen auch unverdauliche Bestandteile wie Fell, Haut und Knochen mit. Ebenso den Magen- und Darminhalt. Der besteht aus vorverdautem Pflanzenmaterial, hauptsächlich Getreide, und liefert so die unentbehrliche pflanzliche Beikost. Außer Eiweiß, Fett, Vitaminen, Mineralien und Spu-

renelementen nimmt die Katze mit der Beute auch Ballaststoffe auf, und alle Nahrungsbausteine stehen im richtigen Verhältnis zueinander. Doch auch Stubentiger, die kaum noch Beutetiere fressen, müssen auf vollwertige Ernährung nicht verzichten.

Fertigfutter aus dem Handel Gutes Fertigfutter kommt dem »Prinzip Beutetier« ziemlich nahe und ist deshalb als Ernährungsgrundlage zu empfehlen. Es ist auf die besonderen Bedürfnisse von Katzen – etwa ihren hohen Bedarf an bestimmten Amino- und Fettsäuren – abgestimmt und enthält alle notwendigen Nähr- und Vitalstoffe in der richtigen Menge. Das gilt sowohl für Feucht- als auch für Trockenfutter. Und was soll nun Ihr Tiger kriegen?

Feucht oder trocken? Trockenfutter hat Vorteile. Es vergammelt nicht im Napf, ist leicht zu handhaben, und bestimmte Sorten können auch helfen, Zahnbeläge zu reduzieren. Als Alleinfutter ist es trotzdem mit Vorsicht zu genießen: Feuchtfutter enthält bis zu 80 Prozent Wasser, die hoch konzentrierten Nahrungsbröckchen dagegen höchstens 15 Prozent. Damit es nicht zu Nieren- oder Blasenproblemen kommt, muss die Katze das Feuchtigkeitsdefizit durch Trinken ausgleichen: Für einen Napf voll Trockenfutter müsste sie drei volle Wassernäpfe leer schlabbern. Samtpfoten trinken aber eher wenig. Besser also, Sie geben mindestens zwei Drittel der täglichen Nahrungsmenge als Feuchtfutter und höchstens ein Drittel als Trocken-

Ein Höhepunkt des Tages für alle Naschkatzen: eine leckere Mahlzeit. Dafür stellt sich manche Katze buchstäblich auf die Hinterbeine.

Was die Katze bei ihren gelegentlichen Jagdzügen erbeuten kann, ist bei den heutigen Revierverhältnissen kaum mehr als ein Snack für zwischendurch.

Vorsicht, **Dickmacher!**

JUNIOR-FUTTER ist prima für Kätzchen, hat aber für die Größeren definitiv zu viele Kalorien. Gewöhnen Sie Ihre Samtpfote vom achten Lebensmonat an ganz langsam an Erwachsenenkost.

KATZEN-LECKERCHEN bestehen hauptsächlich aus Getreide. Bitte nur ganz sparsam einsetzen! Die vielen Kohlenhydrate werden nicht verstoffwechselt, sondern in Speicherfett umgewandelt: Die Katze wird dick und hungert trotzdem.

MENSCHENKOST möchte mancher Tiger gern probieren. Gelegentlich ein Stückchen Fleisch, ein Häppchen Leberwurst oder Ähnliches sind in Ordnung, Kuchen, Kekse und Süßigkeiten dagegen tabu! Schon der Gegenwert von zwei Stückchen Zucker verursacht fünf Gramm Gewichtszunahme.

futter – und verteilen trotzdem mehrere Wasserschalen im »Revier«. Übrigens: Wasser ist das beste Katzengetränk! Milch wird wegen des Milchzuckers oft nicht vertragen und ist auch zu nährstoffreich.

Hochwertiges Futter erkennen Ganz schön viel Auswahl im Futterregal! Für Kätzchen, für erwachsene und ältere Tiere, für Aktive und Faulpelzchen … Gesunden und leckeren Inhalt versprechen sie alle. Ein hochwertiges Futter erkennen Sie aber nur, wenn Sie das Etikett auf der Rückseite studieren:

› Vollwertiges Katzenfutter wird als »Alleinfuttermittel« bezeichnet, »Ergänzungsfuttermittel« decken nicht den gesamten Bedarf.

› In der Rubrik »Zusammensetzung« sind die Zutaten nach ihrem Anteil an der Gesamtmenge geordnet. Was an erster Stelle steht, hat den größten Anteil. Ist es die Fleischsorte und liegt ihr Prozentanteil möglichst hoch, spricht das für hochwertiges Futter. Auch die weiteren Zutaten sollten einzeln aufgelistet sein und sich nicht hinter Begriffen wie »tierische Nebenerzeugnisse« oder gar »tierische und pflanzliche Nebenerzeugnisse« verbergen.

› Achtung beim Trockenfutter: Ist die Fleischsorte mit einer hohen Prozentangabe an erster Stelle genannt, bezieht sich das nur auf die ungetrocknete Fleischmasse – der Fleischanteil im trockenen Futter ist dann weit geringer. Finden Sie dagegen statt »Huhn« oder »Hühnerfleisch« Angaben wie »Hühnerfleischmehl« oder »getrocknetes« bzw. »dehydriertes Huhn«, können Sie auf die Prozentangabe vertrauen. Auch sie sollte möglichst hoch sein.

› Pflanzliche Bestandteile (z. B. Getreide) müssen in einem ausgewogenen Futter enthalten sein, mehr als zehn Prozent sollte ihr Anteil im Feuchtfutter aber nicht ausmachen. Im Trockenfutter liegt er aus technischen Gründen höher. Trockenfutter mit überwiegendem Getreideanteil ist jedoch für die

Grünzeug, das in Reichweite von Katzenmäulchen steht, muss – wie z. B. Bambus und Zypergras – unbedingt unbedenklich sein.

tägliche Ernährung ungeeignet, weil der Katzenstoffwechsel sie nicht richtig verwerten kann.

› Statt chemischer Konservierungsstoffe schützen bei hochwertigem Futter natürliche Antioxidantien wie Vitamin C und E Fette vor dem Ranzigwerden. Farbstoffe, Aromastoffe sollten nicht enthalten sein, Zucker und Karamell können den Zähnen schaden.

› Die Fütterungsempfehlung bezieht sich meist auf eine ausgewachsene, drei bis vier Kilogramm schwere Katze und beträgt bei Feuchtfutter 150–400 Gramm, verteilt auf zwei Mahlzeiten. Trockenfutter (40–80 Gramm) darf frei zugänglich sein. Faustregel: Je niedriger die Fütterungsempfehlung, desto hochwertiger und gesünder ist das Futter.

… und ab und zu Selbstgekochtes

Natürlich darf Ihre Katze auch mal selbst zubereitetes Futter bekommen. Als Zutaten eignen sich Muskelfleisch von Rind und Lamm, Herz, Geflügel und Fisch, alles gekocht oder gedünstet und ohne Gräten oder Knochen serviert. Garen Sie jeweils eine kleine Portion Haferflocken, Reis, Graupen oder Nudeln und auch eine Mini-Menge Gemüse mit, um ein Vollwertmenü daraus zu machen. Meiden Sie Kohl, Lauch, Zwiebeln und Hülsenfrüchte. Sie blähen, Zwiebeln führen außerdem zu Blutarmut. Salzen Sie Katzenmenüs nur schwach – ein Fünftel bis ein Drittel der für uns üblichen Menge genügt. Wenn Sie Ihre Katze überwiegend mit Selbstgekochtem ernähren, braucht sie möglicherweise zusätzliche Vitamine oder Mineralien. Erkundigen Sie sich beim Tierarzt und experimentieren Sie lieber nicht: Mangel und Überschuss gefährden die Gesundheit gleichermaßen.

Roh oder gekocht? Katzen kochen keine Mäuse. Sie fangen sich beim Verzehr der Nager aber auch oft Würmer und andere Parasiten ein. Auch rohes Fleisch aus dem Handel kann Krankheitserreger enthalten, Schweinefleisch sogar das für Hunde und Katzen tödliche Aujetzky-Virus. Als Selbstversorger sind Sie mit Kochen auf der sicheren Seite. Seit Kurzem ist öfter von »Barf«-Ernährung die Rede. Barf steht für »biologisch artgerechte Roh-Fütterung«. Verwendet wird erstklassiges Fleisch, aber auch rohe Knochen und eine Reihe sogenannter Supplemente. Vielen Katzen scheint diese Art der Ernährung gut zu bekommen. Sie erfordert allerdings gründliche Einarbeitung, große Sorgfalt und einen gewissen Zeit- und Geldaufwand. Informationen gibt es vor allem im Internet.

Kleine Extras Ab und zu dürfen Sie Ihrem Kostgänger eine Messerspitze Butter reichen, ein hart gekochtes Eigelb übers Futter bröckeln (wertvolle Fette und Vitamine!) oder eine Portion Joghurt oder Hüttenkäse servieren – gut für die Darmflora.

Tipptopp gepflegt

Ein sorgfältig geglättetes Fell schützt vor Wetter und Verletzungen, weist Schmutz ab und macht es Parasiten schwer, sich anzusiedeln. Kein Wunder, dass sich Katzen täglich über drei Stunden pflegen. Unterstützen Sie Ihre Katze dabei! Sie behalten so ihre Kondition und Verfassung im Auge und bemerken schnell, wenn irgendetwas nicht so ist, wie es sein sollte. Ist die Katze von Anfang an daran gewöhnt, genießt sie diese Zuwendung. Machen Sie Ihrer Samtpfote die Pflege aber auch dann schmackhaft, wenn sie sich nicht so gern auf den Pelz rücken lässt. Mit Zureden, Lob und einem Leckerchen zum Abschluss lassen sich die meisten überzeugen.

Fellpflege Kurzhaarkatzen werden ein- bis zweimal pro Woche sanft von Kopf bis Schwanz durchgekämmt, während des Fellwechsels im Frühjahr und Herbst ruhig auch öfter. Anschließend bürstet man die losen Haare ab. Bei Katzen mit sehr kurzem Fell – z. B. Siam und Burma – reicht oft schon das Abreiben mit einem feuchten Fensterleder. Viele Katzen, die von Bürsten nicht begeistert sind, lassen sich eine Massage mit dem Noppenhandschuh (Fachhandel) gern gefallen. Haare, die Ihr Tiger nicht selbst »wegputzen« muss, können schon mal nicht im Magen landen und dort zu Haarballen verklumpen. Langhaar- und Halblanghaarkatzen kämmt und bürstet man besser täglich – ihr Fell verfilzt sonst zu schnell. Trotzdem gibt es ab und zu einen Filzknoten. Lösen Sie ihn vorsichtig mit dem Kamm, in hartnäckigen Fällen mit dem Trennmesser.

Zeckenkontrolle Bei Freiläufern ist tägliche Körperkontrolle durch Abtasten besonders wichtig, denn sie können besonders im Frühjahr und Herbst Zecken auflesen. Die Spinnentiere übertragen ge-

fährliche Infektionen. Am besten sammeln Sie die Parasiten ab, bevor sie sich festsaugen. Vollgesogene Zecken entfernen Sie so schnell wie möglich mit der Zeckenzange. In manchen Gebieten ist Vorbeugung durch spezielle, für Katzen geeignete Präparate sinnvoll. Fragen Sie Ihren Tierarzt!

Augen und Ohren Mit feuchten Reinigungstüchern (Fachhandel) oder angefeuchteten Tissues befreit man die Augenwinkel von Verkrustungen und wischt gelegentlich die Ohrmuscheln aus. Keine Wattestäbchen benutzen – Verletzungsgefahr! Manche Katzen neigen zu Ohrbelägen. Fragen Sie dann den Tierarzt nach einem Pflegemittel, damit es nicht zu Entzündungen kommt. Unangenehmer Geruch oder häufiges Kopfschütteln und -schiefhalten sind Anzeichen für Ohrmilben: Schnell zum Tierarzt!

»Wasch mir den Pelz …«: Katzen, die sich gut verstehen, unterstützen sich gelegentlich sogar hingebungsvoll bei der Körperpflege.

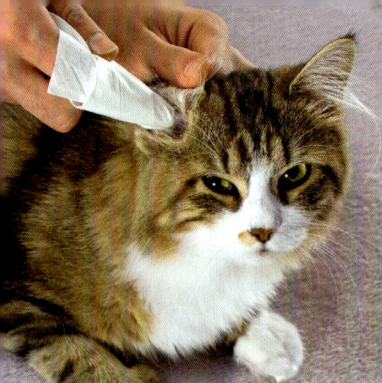
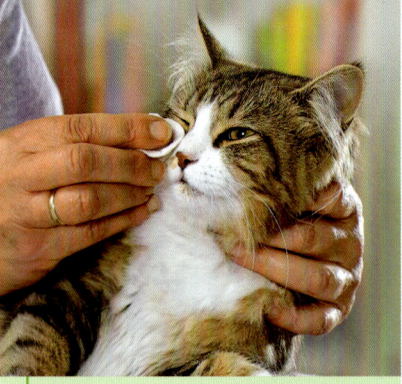

1 OHREN Katzenohren sollten sauber sein. Schmutzspuren auf dem Tuch können einen Milbenbefall anzeigen. Ein Fall für den Tierarzt!

2 AUGEN Ältere Katzen werden oft von Verkrustungen im Augenwinkel geplagt. Diese lassen sich jedoch ganz leicht mit einem feuchten Einmal-Tüchlein entfernen.

3 FELL Sanft die losen Haare aus dem Pelz bürsten – so können sie nicht mehr im Katzenmagen landen und zu Haarballen verklumpen.

Krallen Ihre Krallen pflegt die Katze selbst – durch tüchtiges Wetzen am Kratzbaum und Entfernen abgestorbener Krallenhülsen mit den Zähnen. Kürzen ist nur nötig, wenn die Krallen gar nicht abgenutzt werden oder die Katze damit hängen bleibt. Am besten, Sie lassen das in der Tierarztpraxis erledigen.

Zähne Schauen Sie Ihrer Katze regelmäßig ins Mäulchen. Bräunliche Beläge oder unangenehmer Geruch weisen auf Zahnstein hin, den der Tierarzt entfernen muss. Vorbeugung: Zähne mit Spezialbürste und -zahnpasta putzen. Gutes Trockenfutter, gekochte Fleischstücke, an denen es etwas zu beißen gibt, und Zahnpflege-Snacks helfen ebenfalls.

Die gepflegte Umgebung

Ihre Katze braucht auch ein gepflegtes Drumherum, um sich wohlzufühlen. In einer solchen Umgebung haben es Parasiten und Krankheitserreger schwer!

Sauberkeit am Katzentisch Wischen Sie den Futterplatz einmal täglich feucht ab und entsorgen Sie über Bord gegangene Futterreste. Säubern Sie die Näpfe vor jeder Mahlzeit und spülen Sie sie mit heißem Wasser aus. Den Trockenfutternapf einmal täglich heiß spülen und abtrocknen, selbst wenn die Bröckchen zur Selbstbedienung stehen bleiben.

Hygiene am »Örtchen« Katzenstreu wird etwa fünf Zentimeter hoch eingefüllt und täglich von nassen Bestandteilen gereinigt. Mit Klumpstreu geht das ganz leicht. Entfernen Sie die Häufchen mit einer kleinen Schaufel – am besten sofort. Mindestens einmal pro Woche wird das »Kistchen« heiß ausgespült und mit einem milden Spülmittel geschrubbt. Bei Wurmbefall Katzenklo mit Spezialmittel (Zoofachhandel) desinfizieren.

Kampf dem Ungeziefer! Auch die reinlichste Katze kann sich mal Flöhe einfangen. Beim Tierarzt gibt es sehr wirksame Präparate. Liegeplätze und Vorhänge sprühen Sie mit einem Umgebungsspray bis in ein Meter Höhe ein. Füllen Sie Flohpulver in den Staubsaugerbeutel und saugen Sie Fußboden, Teppiche und Polstermöbel häufig ab, um den Plagegeistern und ihrer Brut den Garaus zu machen. Katzendecken und -kissen häufig waschen! Übrigens: Frisch gewaschene Kissen- oder Deckenbezüge sind nicht nur hygienisch: Katzen liegen liebend gern auf frischer Wäsche!

Vorbeugen und heilen

Ohne den Tierarzt kommt keine Katze aus, obwohl den Samtpfoten das nicht schmeckt: Diese Gerüche! Die anderen Tiere im Wartezimmer! Der sterile Behandlungstisch! Praxisbesuche sind bei unseren Hausgenossen unbeliebt, aber unumgänglich, wenn Impfungen (→ Seite 42) fällig sind, wenn es um Nachwuchsverhütung geht (→ Seite 13), wenn Wurmbefall vorliegt und wenn das Tier Krankheitssymptome (→ Seite 41/42) zeigt oder verletzt ist. Und natürlich auch, wenn es einen EU-Heimtierpass bekommen und per Mikrochip (→ Seite 52) gekennzeichnet werden soll. Hausbesuche des Tierarztes bleiben besser auf Notfälle beschränkt: Es kann eine sensible Samtpfote sehr verstören, wenn ihr jemand in ihrem eigenen Revier ans Fell geht.

Weil Vorbeugen besser ist als Heilen, muss auch eine kerngesund wirkende Katze mindestens einmal im Jahr zur Generaluntersuchung in die Praxis: Körper abtasten, Herz und Lunge abhorchen, Augen, Ohren und Zähne kontrollieren. Bei der Gelegenheit kann der Tierarzt gleich eine prophylaktische Wurmkur verabreichen. Dies ist auch für Wohnungskatzen wichtig, denn Wurmeier schleppen wir im ungünstigen Fall mit den Schuhen ein. Das Problem bei Tierarztbesuchen: Viele Katzen veranstalten einen ganz schönen Zirkus, bis sie endlich auf dem Untersuchungstisch sitzen, und manche spielen selbst dort den wilden Tiger. Umso wichtiger ist, dass Sie ruhig bleiben. Und dass Sie

einen Tierarzt finden, der sich mit den schwierigen Patienten gut auskennt und Verständnis für sie hat.

Ein Doktor für die Katze

Suchen Sie am besten einen Tierarzt in Ihrer Nähe, um der Katze längere Wege zu ersparen. Wichtiger als die räumliche Nähe ist aber seine Kompetenz. Tipps für die Tierarztsuche bekommen Sie von anderen Katzenfreunden, von Tierschutzvereinen und -initiativen, von Züchtern und auch übers Internet. Letztlich ist aber Ihr eigener Eindruck entscheidend, und ob Sie den richtigen Doktor für Ihre Katze ge-

Sie müssen Ihre Katze schon gut »im Griff« haben, um allein bei ihr Fieber messen zu können. Oft geht's zu zweit besser.

Vorsicht, **Vergiftungsgefahr!**

TIPPS VON
DER KATZEN-EXPERTIN
Brigitte Eilert-Overbeck

Vergiftungen gehören zu den häufigsten Notfällen. Die Gefahr lauert nicht nur draußen, sondern auch im eigenen Heim (→ Seite 27).

GIFTIGE ZIMMERPFLANZEN Zu den gefährlichsten gehören Dieffenbachie, Einblatt, Fensterblatt (Monstera) und Weihnachtsstern. Giftig sind auch: alle Aaronstabgewächse (z. B. Calla), Aloe, Alpenveilchen, Amaryllis, Avocado, Azalee, Baumfreund (Philodendron), Birkenfeige, Christrose, Christusdorn, Efeu, Efeutute, einige Farn- und Ficus-Arten, Kanonierblume, Korallenbäumchen, Kirschlorbeer, Oleander, Primel, Veilchen, Wolfsmilchgewächse, Wüstenrose, Yucca.

BEDENKLICHE BLUMENSTRÄUSSE Giftig sind Märzenbecher, Chrysanthemen, Lilien, Maiglöckchen, Narzissen, Nelken, Schneeglöckchen, Tulpen sowie Buchsbaum, Schleierkraut, Zypressenwolfsmilch und Glanzspray (→ Adressen, Seite 62).

GEFAHR AUS DER KÜCHE Avocados, Bohnen (roh), Kartoffelkraut und -keime, Spinat (roh), Weintrauben, Zwiebeln und Schokolade bitte immer außer Katzenreichweite halten.

funden haben, erweist sich beim ersten Praxisbesuch. Folgende Punkte sprechen dafür:

› Die Praxis ist gut organisiert, niemand wirkt überfordert. Ihre Katze wird gleich in die Patientenkartei aufgenommen.

› Der Tierarzt spricht die Katze bei der Behandlung auf dem Untersuchungstisch auch an.

› Er bleibt ruhig und souverän, auch wenn der Patient versucht, sich der Behandlung zu widersetzen.

› Er und seine Helfer müssen bei Untersuchung und Behandlung so gut wie keinen Zwang anwenden.

› Er nimmt sich Zeit, Ihnen alles zu erklären, und beantwortet Ihre Fragen ohne »Fachchinesisch«.

› In Notfällen ist er auch zum Hausbesuch bereit und außerhalb der Sprechzeiten zu erreichen.

› Sie finden ihn sympathisch und vertrauenswürdig.

Immer mit der Ruhe Die meisten Katzen geraten hauptsächlich deshalb in Panik, weil sich die Nervosität ihres Menschen auf sie überträgt. Je mehr Sie sich also vor dem Tierarztbesuch sorgen, desto eher bewahrheiten sich Ihre Befürchtungen. Sie ersparen Ihrer Katze (und letztlich auch sich selbst) viel Stress, wenn Sie cool bleiben und alles ganz ruhig vorbereiten.

Stellen Sie ein, zwei Tage vor dem Termin den Transportbehälter bereit. Notieren Sie sich Ihre Fragen und eventuell auch Beobachtungen, die Sie dem Tierarzt mitteilen wollen. Sperren Sie am »Tag X« unauffällig die üblichen Fluchtwege und Verstecke, nehmen Sie den Tiger ruhig, aber beherzt auf den Arm und setzen Sie ihn in die Box. Reden Sie ihm auf dem Weg zum Tierarzt und im Wartezimmer gut zu und tragen Sie ihn in seiner sicheren Sänfte in den Behandlungsraum. Sind Sie wieder zu Hause angekommen, spricht nichts gegen einen besonderen Leckerbissen zur Belohnung. Auch wenn die Katze ihn vielleicht zunächst verschmäht.

Schnell wieder gesund werden

Erfüllen Sie Ihrer Katze den Wunsch nach Ruhe, wenn sie sich nicht wohlfühlt! Behalten Sie sie aber im Auge. Manchem Tier, das weder futtern noch trinken mag, macht Fleischbrühe wieder Appetit. Bei Durchfall kann ein Teelöffel Heilerde im Futter helfen. Oder eine kleine Portion Kartoffelbrei (ohne Milch). Bei Verstopfung stellen Sie erst einmal das Trockenfutter weg. Lassen Sie sich Malzpaste vom Finger schlecken, bieten Sie Ölsardinen an oder geben Sie einen halben Teelöffel Paraffinöl ins Futter.

Detektivarbeit Ist die Katze nach zwei Tagen nicht wieder gesund, muss der Tierarzt den Ursachen auf den Grund gehen. Notieren Sie Ihre Beobachtungen und nehmen Sie gegebenenfalls Proben von Kot oder Erbrochenem mit. Zum Tierarzt führt der Weg auch bei unerklärlichen Verhaltensänderungen, übermäßigem Durst, auffälligen Gewichtsveränderungen und Auffälligkeiten an Fell und Haut.

Achtung, Notfall! Sofort zum Tierarzt müssen Sie bei Unfallverletzungen, bei Erbrechen oder Durch-

Klare Augen, neugieriger Blick und aufmerksam aufgestellte Ohren – so schaut eine rundum gesunde Katze in die Welt. Und vielleicht hat sie auch schon eine feine Beute erspäht.

Kleine **Katzenapotheke**

Mit einer Hausapotheke für die Katze sind Sie im Falle eines Notfalls gut gerüstet. Sie wird am besten in einem Extraschränkchen untergebracht und sollte Folgendes enthalten:

INFORMATIONEN Merkblatt mit den wichtigsten Telefonnummern: Tierarzt, Tierärztlicher Notdienst, Tiertaxi, Tierrettung, Feuerwehr und Giftnotrufzentrale

DOKUMENTE Impfausweis, EU-Heimtierpass, evtl. Papiere vom Züchter

HILFSMITTEL Pinzette und Schere (beide mit abgerundeten Spitzen), Zeckenzange, Fieberthermometer (Digital- oder Baby-Thermometer), Vaseline (zum Einfetten des Fieberthermometers)

VERBANDSMATERIAL Verbandsmull, sterile Binden, Wundauflagen, Verbandswatte, Leukoplast

WUNDBEHANDLUNG Katzenverträgliches Mittel zum Desinfizieren von Wunden, katzenverträgliche Heil- und Wundsalbe

SPRITZEN Einwegspritzen (ohne Nadel) zum Eingeben von flüssiger Medizin oder bei großer Schwäche auch von Nahrung

GEGEN PARASITEN Eventuell Floh- und Entwurmungsmittel (vom Tierarzt)

MEDIKAMENTE Nur wenn vom Tierarzt verordnet

SANFTE MEDIZIN Bachblüten-Notfalltropfen (Rescue Remedy) ohne Alkohol zur Beruhigung in Stresssituationen, Heilerde

SONSTIGES Rettungsfolie oder Plaid (Schutz vor Auskühlung), Kältepack (bei Wespen- oder Bienenstich an den Pfoten), kleine Plastikbeutel zum Schutz von Pfotenverbänden, Einmal-Handschuhe

fall mit Blut, Schaum oder Schleim (Proben mitnehmen!), bei Verstopfung mit hartem Bauch, bei Atemstörungen und Krämpfen oder wenn die Katze keinen Harn absetzen kann. Melden Sie sich an, damit gleich alles Notwendige in die Wege geleitet wird.

Krankenpflege Lassen Sie sich vom Tierarzt erklären, wie Sie Ihren Liebling versorgen müssen. Hat die Katze etwas Ansteckendes, muss sie von anderen Tieren isoliert werden. Futter und Wasser sollten in der Nähe des Krankenlagers stehen, ebenso ein Kistchen. Ruhe, Wärme und ein sauberes Lager unterstützen die Heilung – und Ihre tröstende Stimme.

Infektionskrankheiten abwehren

Gegen einige gefährliche Katzeninfektionen gibt es heute wirksame und verträgliche Impfstoffe.

Katzenseuche und Katzenschnupfen Beide Krankheiten gefährden sogar Wohnungskatzen ohne Kontakt zu Artgenossen. Impfung schützt zuverlässig. Klären Sie mit dem Tierarzt, in welchem Rhythmus Auffrischimpfungen nötig sind.

Leukose Die unheilbare Katzen-Leukose wird vom Felinen Leukose-Virus (FeLV) verursacht. Es wird von Tier zu Tier übertragen. Deshalb brauchen den Impfschutz vor allem Katzen, die mit fremden Artgenossen in Kontakt kommen. Auffrischungen mit dem Tierarzt absprechen.

Tollwut Die tödliche Virusinfektion wird durch den Speichel infizierter Tiere (z. B. Nager) übertragen, einzig die Impfung bietet Schutz. Freiläufer brauchen sie, aber auch Wohnungskatzen müssen bei Auslandsreisen gegen Tollwut geimpft sein. Mittlerweile gibt es einen Impfstoff, der drei Jahre wirkt. Impfungen gegen die unheilbaren Viruserkrankungen FiP (Feline infektiöse Peritonitis) und FIV (sogenanntes Katzen-Aids) sind umstritten. Wägen Sie gemeinsam mit dem Tierarzt Nutzen und Risiko ab.

Sanfte Medizin – für den Tierarzt keine Konkurrenz

Am Tierarzt kommt schon wegen der notwendigen Impfungen keine Katze vorbei (→ Seite 39–42). Es ist aber gut möglich, dass Ihr Haustiger in der Tierarztpraxis auch Bekanntschaft mit der »sanften Medizin« macht. Nicht wenige Tierärzte sind ausgebildete Homöopathen, andere arbeiten mit Heilpraktikern und anderen Therapeuten zusammen. Obwohl sich die Wirkungsweise ihrer Methoden wissenschaftlich kaum nachweisen lässt, hat die alternative Medizin bei Mensch und Tier immer wieder Heilerfolge zu verzeichnen. Sie ist keine Konkurrenz zur Schulmedizin, kann aber für unsere Samtpfoten eine gute Ergänzung sein. Vorausgesetzt, Arzt wie Therapeut kennen sich mit Katzen aus.

› Naturheilmittel und homöopathische Medikamente werden gegen viele Beschwerden wie Ekzeme, Allergien, Erkältungen oder Bronchitis eingesetzt, aber auch bei Schwäche oder Energiemangel.

› Bachblüten-Therapie soll vor allem auf die Psyche wirken und damit auch organische Leiden zum Verschwinden bringen. Bei Katzen wird sie oft eingesetzt, wenn die Tiere aus der Balance geraten sind oder ihnen etwas aufs Gemüt geschlagen ist, auch bei Angst, Aggressivität und Erschöpfungszuständen. Die berühmten »Notfalltropfen« beruhigen offenbar selbst sehr aufgeregte Katzen.

› Akupunktur soll die Energieströme im Körper wieder zum Fließen bringen. Erfolge gibt es in der Schmerzbehandlung, bei Entzündungen, Arthrosen, Sehnenverletzungen und Immunschwäche.

Von liebevollen Händen sanft gestreichelt werden – das tut ja so gut! Und hilft beim Gesundwerden.

Die heilsame Berührung

Streicheln ist wunderbar! Aber mit Ihren Händen können sie Ihrem Liebling noch mehr Gutes tun. Vielleicht haben Sie Lust, eine der folgenden Berührungsmethoden zu erlernen (Seminar-Adressen in Fachzeitschriften oder im Internet).

Akupressur, Shiatzu Die Methode ist der Akupunktur verwandt, statt Nadeln oder Laser wird Fingerdruck eingesetzt. Er soll über Druckpunkte die Energielinien des Körpers aktivieren und so Verspannungen lösen und die Durchblutung fördern.

TTouch Die Feldenkrais-Therapeutin Linda Tellington-Jones hat diese Methode zur Berührung von Tieren entwickelt. Mit kreisenden Bewegungen der Fingerkuppen wird die Katze sanft massiert und Stress, Angst und Aggressivität abgebaut.

Reiki Bei dieser Art des Handauflegens soll universelle (Heil-)Energie vom Reiki-Geber zum -Empfänger fließen.

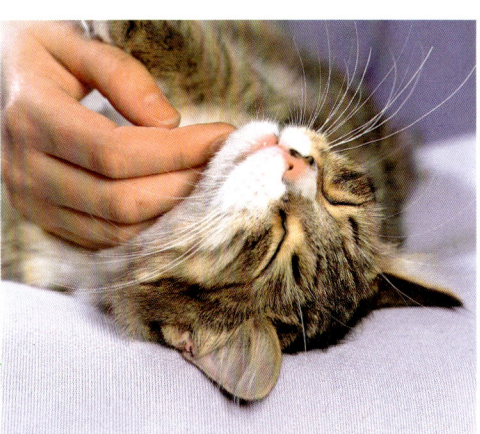

Gemeinsam wohlfühlen

Wer den WG-Partner versteht, hat es bei der Beziehungspflege mit der Katze leichter. Und keine Sorge: So schwer zu durchschauen, wie es auf den ersten Blick scheint, sind unsere Samtpfoten nicht. Auf den zweiten Blick teilen sie uns eine Menge mit.

Gute Beziehungen wollen gepflegt sein

Mensch und Katze sprechen unterschiedliche Sprachen. Für eine gute Verständigung muss das aber kein Hindernis sein: Katzen können unglaublich viel aus unserem Tonfall und unserer Körpersprache ablesen. Und für unsere Stimmungen haben sie äußerst sensible Antennen. Umgekehrt können wir auch lernen, wie Katzen »sprechen« (→ Klappe, Verhaltensdolmetscher). Sie tun es nämlich – mit Lauten, Körpersprache und besonderen Verhaltensweisen (→ Seite 46/47). Die angeblich so rätselhaften Wesen teilen ihrer Umgebung auch freimütig mit, in welcher Stimmung sie sich befinden (→ Seite 48/49).

Kleine Könige mit diplomatischem Geschick

Dass unsere Minitiger geborene Herrschernaturen sind, können wir den Verwandten des »Königs der Tiere« kaum verdenken. Selbstverständlich fühlen sie sich auch im Wohnungsrevier als die »Kings«. Aber keine Sorge, sie sind durchaus bereit, sich mit uns zu arrangieren. Selbst wenn sie über das Kätzchenalter schon lange hinaus sind, lassen sie sich noch erziehen (→ Seite 50/51), vorausgesetzt, wir verlangen keinen blinden Gehorsam. Allerdings haben sie auch ein Talent zum Menschenerzieher. Zur guten Partnerschaft gehört freilich noch mehr: zum Beispiel, dem anderen genug Freiraum zuzugestehen. Das muss nicht unbedingt Freilauf für die Katze bedeuten (→ Seite 52/53). In jedem Fall heißt es aber, zu akzeptieren, dass sie ein Wesen mit eigenen Bedürfnissen ist.

Beziehungspflege heißt auch, Zeit mit gemeinsamen Unternehmungen zu verbringen (→ Seite 54–57). Und wenn Ihre Samtpfote sich immer auf Sie verlassen kann (→ Seite 58/59), wird sie es Ihnen heimzahlen: mit ganz viel Liebe.

Das Katzen-Verstehprogramm

Katzen »sprechen« mit ihren Artgenossen. Sie machen klare Ansagen und vermeiden so Missverständnisse und Kämpfe. Sie sprechen aber auch mit uns Zweibeinern und erwarten, dass wir sie verstehen. Grund genug, sich um Sprachkenntnisse zu bemühen.

Lautsprache Wenn es darauf ankommt, haben die »lautlosen Jäger« ein großes Ton-Repertoire:

› »Miau« stammt aus der Katzen-Kindheit. Ein Kätzchen sagt seiner Mutter so: »Mir fehlt was!«

Und Ihr Stubentiger teilt Ihnen per »Miau« etwas ganz Ähnliches mit. Ausgewachsene Katzen gebrauchen den Laut untereinander kaum.

› Gurren, zartes Maunzen: So »plaudern« friedliche Katzen – auch mit uns. Antworten Sie etwas Nettes!

› Fauchen oder explosives »Spucken« – Abwehrdrohung und Bluff: Die Katze will nur, dass ihr potenzieller Gegner abhaut. Oft klappt das, denn der Laut erinnert an das Zischen einer Schlange und signalisiert so allen Säugetieren »Gefahr!«. Katzenmütter fauchen ihre Jungen an, wenn es gilt, sie aus Gefahrenzonen zu vertreiben. Das können Sie sich bei der Erziehung (→ Seite 50/51) zunutze machen.

› Knurren oder Grollen: Angriffsdrohung. Das Tier fühlt sich stark genug, um zuzuschlagen. Katzen schleppen aber auch ihre Beute knurrend an oder verzehren Futterstücke unter Geknurre.

› Schnurren tut gut und macht Mut. Deshalb schnurrt manche Katze selbst dann, wenn sie Angst oder Schmerzen hat. Meist gilt aber: schnurrende Katze, zufriedene Katze. Gelegentlich schnurrt die Samtpfote auch zur Beschwichtigung: »Ich tu dir nichts, tu du mir bitte auch nichts!«

Körpersprache Auch mit ihren Körperhaltungen senden Katzen klare Botschaften.

› Gestreckter Rumpf und hochgereckte Beine: »Ich bin in meinem Element und fühle mich sicher.«

› Geduckte Haltung: »Irgendwas ist nicht geheuer.«

› Kauern mit eingeknickten Läufen und tief gehal-

»Putzt du mich bitte?« Mit zärtlichem Köpfchengeben fordert der kleine Kerl seine Mama dazu auf, ihm den Pelz zu lecken. Und die wird es ihm nicht verwehren.

tenem Kopf: »Ich warne dich: Wenn du mir näher kommst, wehre ich mich.«

> Anstarren: »Ich bin stärker! Willst du Prügel?«
> Vorgestreckter Kopf: »Interessantes Gegenüber! Vielleicht sollten wir uns mal näher beschnuppern.«
> Gesenkter Kopf: »Ich will niemanden provozieren – und mich nicht provozieren lassen.«
> »Müffchen-Stellung« mit eingeschlagenen Pfoten und Schwanz: »Bitte nicht stören!«
> Hochgereckter Schwanz: »Nett, dich zu sehen.« Oder auch: »Mir nach, ich will dir etwas zeigen.«

Was die Katze sagen will, wenn sie ...

> sich auf die Seite oder auf den Rücken rollt? Sie ist in Spiellaune und will Sie animieren.
> Köpfchen gibt oder Ihnen einen Kopfstoß verpasst? Mit Köpfchengeben fordern Katzen zur Fellpflege bzw. zum Streicheln auf. Der Kopfstoß ist eine freundliche Begrüßungsgeste.
> um die Beine streicht oder Wangen und Flanken an Ihnen reibt? Sie markiert Sie mit ihrem für Menschen nicht wahrnehmbaren Duft: »Du gehörst mir!«
> mit ihren Vorderpfoten auf Ihnen herumtretelt? Die ultimative Liebeserklärung: »Bei dir fühle ich mich wie ein Katzenbaby bei seiner Mutter.«
> die Pfote hebt? »Hör' auf! Sonst schlage ich zu!«
> ausgiebig gähnt? Gähnen gilt als Beschwichtigungsgeste: »Ich bin friedlich, sei du es bitte auch!«
> das Fell sträubt und einen Buckel macht? Es ist die Abwehrdrohung an einen Gegner, vor dem sie sich fürchtet. Deshalb macht sie sich »größer.«
> nur die Haare auf dem Rücken und am Schwanzansatz sträubt? Das gilt (hoffentlich) nicht Ihnen – die Angriffsdrohung einer selbstsicheren Katze.
> nach einer Zurechtweisung überall hinschaut, nur nicht zu mir? Nicht »Rutsch mir den Buckel runter!«, sondern »Ich will dich nicht noch mehr provozieren.«

Wie **Katzen** ihren **Namen** lernen

TIPPS VON
DER KATZEN-EXPERTIN
Brigitte Eilert-Overbeck

Fast jede Katze kann lernen, auf ihren Namen zu hören. Sie machen Ihrem Stubentiger den Lernprozess schmackhaft, wenn der Name für ihn mit positiven Dingen verknüpft ist.

NUR GUTES sollte Ihrer Katze widerfahren, wenn Sie sie mit ihrem Namen ansprechen. Gebrauchen Sie ihn beim Streicheln, Schmusen, Füttern und Spielen. Sprechen Sie ihn nicht aus, wenn Sie ungehalten sind, etwas verbieten oder schimpfen.

BELOHNEN Sie Ihre Katze, wenn auf Ihren Ruf kommt. In der ersten Übungsphase mit Leckerbissen, später auch nur mit Streicheleinheiten.

ZWEISILBER eignen sich am besten als Katzennamen. Einsilbige Wörter klingen nach Befehl, mehrsilbige verkürzt man im Alltag sowieso. Die Namen selbst sollten angenehm weich klingen. Aufmerksamkeit ist (fast) garantiert, wenn in ihnen der Katzen-Grußlaut »Murr« wie z. B. in »Moritz« oder »Mohrle« anklingt.

SOFORT eilt kaum eine Katze auf Ruf herbei. Lassen Sie sich keine Ungeduld im Ton anmerken, um die positive Verknüpfung nicht zu stören.

Wie Katzen ihre Stimmungen ausdrücken

Wie unsere Samtpfote sich fühlt, teilt sie ihrer Umwelt durch ihre Körpersprache mit. Noch stärker aber durch ihre Mimik. Bei kaum einem anderen Tier lässt sich so viel am Gesicht ablesen. Ist sie in entspannter, freundlicher Stimmung, zeigt sich das auch am glatten Gesicht. Bei Unmut dagegen wirkt die Stirn nicht mehr so glatt, mitunter runzelt sich das Näschen. Auch Augen, Ohren und Schnurrhaare verraten eine Menge über ihre Befindlichkeit. Und das sind nicht die einzigen Stimmungsbarometer.

Die Augen Katzenaugen sind nicht nur ein-, sondern auch sehr ausdrucksvoll. Und weil sie wie bei uns frontal angeordnet sind, können wir uns gegenseitig in »Augensprache« verständigen. Blinzeln Sie Ihrem Tiger zum Beispiel ganz langsam und genüsslich zu – er wird erfreut zurückblinzeln: So lächelt man in Katzenkreisen! Gar nicht zum Lächeln ist einer Katze zumute, die ihre Augen so zusammenkneift, dass die helle Unterlidmarkierung (besonders deutlich bei Getigerten) in der entstandenen Falte verschwindet. Zu dieser Grimasse kommt meist noch kräftiges Fauchen. Auch die Pupille reagiert nicht nur auf Lichteinfall, sondern verrät etwas über die Stimmung: Eine furchtsame Katze macht selbst bei hellem Licht »große Augen«. Liegt dagegen Spannung in der Luft oder ist die Katze angriffslustig, können sich die Pupillen auch bei schwachem Licht verengen. Ausgeglichene Katzen dagegen schauen ruhig und unbeirrbar in die Welt: mit Blicken, die uns mitten ins Herz treffen oder cool durch uns hindurchgehen.

Die Ohren Katzenohren sind Präzisionsinstrumente. Und geradezu untrügliche Stimmungsbarometer. Sind die Ohrmuscheln leicht nach vorn gestellt, ist die Katze unternehmungslustig, aufmerksam und ziemlich freundlich gestimmt. Bei Anspannung dagegen »spitzen« sich die Ohren. »Spielende« Ohren haben nichts mit Spiellaune zu tun: Sie zeigen vielmehr Verärgerung an. Die steigert sich zur konkreten Drohung, wenn die Rückseite der Ohren von vorn sichtbar wird – die Attacke wird kaum auf sich

Angreifen? Oder lieber flüchten? Dass der Abessinier sich da noch nicht ganz schlüssig ist, drückt seine Haltung aus.

warten lassen. Nach hinten eingeknickte und seitwärts herabgezogene Ohren signalisieren Angst, die Katze schwankt zwischen Flucht und Verteidigungsbereitschaft. Mit flach angelegten Ohren zeigt sie, dass sie beschlossen hat: »Jetzt wehre ich mich.« Und dann fliegen auch schon die Fetzen!

Die Schnurrhaare Der Katzenbart ist nicht nur »Antennensystem« und Schmuck, sondern auch Ausdrucksmittel. Behaglich fühlt sich unser Stubentiger, wenn die Schnurrhaare nur leicht gespreizt und zur Seite ausgerichtet sind. Liegen sie dagegen dicht am Gesicht an, spürt er Anwandlungen von Schüchternheit. Nach vorn fächern sich die Tasthaare, wenn die Katze von Unternehmungslust gepackt wird – etwa wenn sie sich an Beute heranpirscht oder sich auf ein Spiel mit Ihnen freut. Und Sie dürfen sich freuen, wenn die Samtpfote mit den Schnurrhaaren Ihr Gesicht berührt: Pure Zärtlichkeit!

Der Schwanz Wer sagt denn, Katzen seien undurchschaubar? Ihr Schwanz jedenfalls verrät eine ganze Menge über ihre Stimmungen. Eine ausgeglichene Katze lässt ihn hängen, allenfalls die Spitze weist ein bisschen nach oben. Ein hochgereckter Schwanz signalisiert Freude, Unternehmungslust und Sympathie. Übermütige Jungtiere krümmen ihn zum Fragezeichen und machen dazu Bocksprünge. Wedeln bedeutet Aufregung, vielleicht Vorfreude auf einen Leckerbissen, vielleicht gespannte Erwartung bei einem Spiel. Heftiges Wedeln indes hat mit Vorfreude nichts zu tun – hier tut sich ärgerliche Erregung kund. Falls das im Spiel passiert: Bitte sofort aufhören! Die Katze fühlt sich belästigt. Klopft der Schwanz dazu noch heftig auf den Boden, kommen bald auch Krallen und Zähne zum Einsatz. Wütende Katzen und Kater geben das Startsignal zum Angriff, indem sie den Schwanz mit einer schnellen Bewegung hochpeitschen.

1 Irgendetwas ist da nicht ganz geheuer! Mit weit geöffneten Augen beobachtet die Katze etwas, das ihre ganze Aufmerksamkeit in Anspruch nimmt.

2 Nun sag doch endlich etwas! Die Katze »spricht« ihr Gegenüber an und beobachtet ganz genau, wie es auf ihre Aufforderung reagieren wird.

3 Das gefällt mir nicht! Die »spielenden« Ohren drücken zunehmende Verärgerung und Abwehrbereitschaft aus. Bloß nicht näher kommen!

4 Hau ab! Mit Fauchen, Spucken und Kreischen will die Katze ihr Gegenüber in die Flucht treiben. Aber Augen und Ohren verraten: Sie hat Angst!

Das Arrangement – katzengerechte Erziehung

Jedes Kätzchen »aus gutem Hause« verlässt seine Kinderstube mit einer erfolgreich abgeschlossenen Grundausbildung. Es ist stubenrein, hat gelernt, wie man sich Mitkatzen gegenüber benimmt, behandelt alle Familienmitglieder wie Artgenossen und ist bereit, sich mit den anderen im Revier zu arrangieren. Wären doch alle so gut erzogen!

Wenn Sie mit dem Begriff Erziehung jedoch Befehle, Schimpfen und Strafe verbinden, machen Sie es sich schwer. Denn erfolgreiche Katzenerziehung heißt: Verträge schließen in gegenseitigem Respekt.

Das hört sich schwierig an, kostet aber viel weniger Nerven als andere Methoden. Und es funktioniert nicht nur bei jungen Katzen: Was Kätzchen nicht gelernt hat, kann Katze mit Ihrer Unterstützung doch noch lernen. So geht's:

Traumhafter Kompromiss: Das Regal ist für die Bücher – aber ein Fach davon gehört allein dem samtpfotigen »Aufsteiger«.

Alternativen Setzen Sie sich realistische Erziehungsziele und halten Sie dabei auch die Bedürfnisse Ihres Hausgenossen im Auge. Kratzen zum Beispiel muss sein, Kratzen an Möbeln jedoch dürfen Sie verbieten. Bieten Sie gleichzeitig Alternativen an (→ ab Seite 24)! Das Gleiche gilt beim Jagdverbot auf Menschenwaden: Kletterpartien, Rennspiele und Jagd auf Spielbeute bieten der Wohnungskatze Abwechslung. Verbieten Sie Angriffe auf Ihre Zimmerpflanzen, aber sorgen Sie dafür, dass Ihr Tiger immer »eigenes« Grün zur Verfügung hat. Und loben Sie ihn ausgiebig, wenn er die Alternativen auch benutzt. Lob und positive Verstärkung sind ohnehin die besten Erziehungsmittel.

Disziplin Wenn auch Sie die Katze als »Erzieherin« akzeptieren, lässt sich mancher Konflikt elegant umgehen: Was herumliegt, reißt sie sich einfach unter die Kralle? Die Lösung: Nichts herumliegen lassen. Zumindest nichts, was die Samtpfote nicht haben darf. Sie bettelt? Die Lösung: Am Menschentisch gibt's nichts für Katzenmäulchen, sondern nur im Napf. Sie schubst kleine Gegenstände von Tisch, Schrank oder Fensterbank? Die Lösung: Wegräumen – sieht auch (meistens) besser aus. Das Blumenfenster lockt? Machen Sie es unzugänglich! Teuer, aber gut: Schiebefenster zum Innenraum.

Verbotene Zonen Selbstverständlich ist Ihr Stubentiger »Boss« in seinem Revier. Ein paar Tabu-Zonen muss er aber akzeptieren: z. B. den Herd, die Küchenanrichte oder die Computertastatur: Plätze, an denen er Schaden nehmen oder Schaden anrichten kann. Stoppen Sie ihn mit einem harten »Nein« und/oder einem Händeklatschen, wenn er Kurs dahin nimmt. Oder pusten Sie ihm kurz ins Gesicht. Das erinnert an Mutters Fauchen (→ Seite 46). Versucht er's immer wieder, verleiden Sie ihm das Aufspringen, z.B. mit doppelseitigem Klebeband. Wer sich einmal klebrige Pfoten geholt hat, meidet den Platz, und Sie können das Band wieder abnehmen. Schaffen Sie aber nur wenige Sperrzonen – und machen Sie zum Ausgleich ausgewiesene Katzenplätze (→ Seite 26/27) noch attraktiver.

Strafen Lassen Sie sich nie zu Strafmaßnahmen oder Schimpfkanonaden hinreißen! Beides macht Angst, beides versteht die Katze nicht, weil sie die unendlich lange (vielleicht zwei Minuten) zurückliegende »Untat« nicht mit Ihrer Reaktion verknüpft. Erwischen Sie das Tier, während es gerade im Begriff ist, etwas Unerwünschtes zu tun, stoppen Sie es mit einem scharfen »Nein« und einem Händeklatschen. Ertappten Sündern können Sie im Augenblick der Aktion auch eine »Dusche« mit der Wasserpistole verpassen. Oder einen Schreck durch ein unangenehmes Geräusch – z.B. Schlüsselbund oder Alukettchen hinwerfen. Aber so, dass die Katze nicht bemerkt, wer hinter diesen Störaktionen steckt.

Verklickern Kennen Sie Clicker? Das ist eine Art Knackfrosch (Zoohandlung), der mit Erfolg in der Hundeerziehung eingesetzt wird. Das Prinzip: Sobald der Hund erwünschtes Verhalten zeigt, ertönt ein »Click«, gleich darauf gibt's eine Belohnung. Sie können damit auch Ihrer Katze manches verklickern – zum Beispiel, dass sie doch bitte am Kratzbaum statt am Sofa kratzen soll. Die ersten Schritte sind

einfach: Stecken Sie sich ein paar Leckerchen in die Tasche. Und beobachten Sie Ihre kleine Kratzbürste. Sie guckt zum Kratzbaum? Clickern Sie und geben ihr gleich darauf ein Leckerchen. Sie geht hin? Wieder »Click« und ein Leckerchen. Sie schlägt ihre Krallen hinein? Wiederum »Click«, wiederum Leckerchen und großes Lob. Die Katze soll lernen: »Click« heißt »Gut gemacht! Gleich gibt's eine Belohnung.« Wenn das »Click« stets im Augenblick der Aktion folgt, verknüpft die Katze es mit ihrer Handlung. Sie wird dann das aus ihrer Sicht erfolgreiche Verhalten immer öfter anbieten – auch wenn die Leckerchen irgendwann durch Lob ersetzt werden.

Wer so wunderbare Kratzgelegenheiten zur Verfügung hat, kommt viel seltener in Versuchung, seine Krallen an wertvollen Polstermöbeln, Teppichen oder Tapeten zu wetzen.

Freier Auslauf – mit Sicherheit

Sie wohnen in einer ruhigen Gegend, haben einen schönen Garten und wollen Ihrem neuen Hausgenossen die Tür nach draußen öffnen? Sobald er sich bei Ihnen zu Hause fühlt und mit der Umgebung vertraut ist, können Sie die »Revier-Erweiterung« ins Auge fassen. Keine leichte Entscheidung, denn Freiläufer leben selbst in ruhigen Wohngebieten gefährlich. Prüfen Sie Ihre Umgebung, bevor Sie die Katze herauslassen. Bedenklich sind unter anderem:

› stark befahrene Straßen im näheren Umkreis (bis 600 Meter)

› gefährliche Hunde in der Nachbarschaft

› angrenzendes oder nahe liegendes Jagdgebiet

› Kornfelder oder andere Äcker in der Nähe (Schädlingsbekämpfungsmittel)

› häufigere »Katze-vermisst«-Meldungen (weist auf Tierfänger oder Katzenhasser hin)

› unübersichtliche Baustellen

› »wilde« unkastrierte Kater in der Umgebung (können bei Beißereien Krankheiten übertragen) Erkunden Sie auch die Stimmung in der Nachbarschaft. Viele Hobbygärtner und Vogelfreunde sind von Streifzügen fremder Katzen in ihrem Garten nicht begeistert. Suchen Sie das Gespräch mit ihnen und zeigen Sie Verständnis – nur so hat auch Ihr Tiger eine Chance auf Verständnis und Toleranz.

Freilauf Können Sie es wagen? Behalten Sie auch dann die Sicherheit im Auge! Das heißt:

› Lassen Sie Ihre Katze vorher kennzeichnen und in einer zentralen Datei (TASSO, Deutsches Haustierzentralregister, → Adressen Seite 62) registrieren. Das erhöht die Chance, sie wiederzufinden, falls sie einmal verloren geht. Beste Methode: Der Tierarzt injiziert einen reiskorngroßen Chip mit einer Kennzeichnungsnummer unter die Haut. Sie kann mit einem Lesegerät sichtbar gemacht werden. Möglich ist auch die Ohrtätowierung, allerdings ist dafür eine Narkose nötig.

Immer wachsam sein, heißt die Devise für Freigänger. Und bei aller Spannung auch auf Gefahren wie steile Uferböschungen achten!

Langeweile? Darüber können Freigänger wirklich nicht klagen: Denn für sie gibt es immer etwas Interessantes zu sehen.

Freigänger und das Gesetz

JAGDRECHT Jäger dürfen Katzen als »wildernd« abschießen. Der Abstand zum letzten Haus ist je nach Bundesland unterschiedlich festgelegt.

VOGELSCHUTZ Mancherorts ist Freilauf während der Brutzeit verboten. Falls Sie Jungvögel oder stark warnende Altvögel beobachten, lassen Sie Ihren Tiger am besten ein paar Tage nicht hinaus.

NACHBARN Dass Katzen durch fremde Gärten streifen, müssen Nachbarn in gewissem Umfang akzeptieren. Verursachen sie Schäden, muss der Besitzer unter Umständen Schadensersatz leisten.

VOGELGRIPPE Neben Stallpflicht fürs Geflügel kann im Fall des Falles auch »Hauspflicht« für Katzen verhängt werden.

> Läuten Sie zu den Fütterungszeiten immer – am besten mit einer Tischglocke. Das »zaubert« den Stromer meist herbei, wenn Sie ihn einmal vermissen.

> Auch wenn Katzen gerne nachts herumstreifen – nach Einbruch der Dunkelheit sollten sie im Haus sein. Das mindert Gefahren durch Verkehr (Autoscheinwerfer lassen die Tiere förmlich erstarren) und Begegnungen mit anderen Nachtjägern wie Mardern oder Katzendieben. Außerdem sind so auch die Vögel besser geschützt.

> Gewähren Sie Ihrer Katze nur dann Freilauf, wenn sie kastriert ist und die notwendigen Impfungen (mit dem Tierarzt klären!) hat.

Der Kompromiss: Freiheit in Grenzen

Oft muss es auch in einer ruhigen Wohngegend heißen: Für unbegrenzten Freilauf sind die Risiken zu groß. Der gesicherte Auslauf im eigenen Garten kann eine Alternative sein. Natürlich gibt es auch hier einiges zu bedenken: Wenn Sie den Garten katzensicher einzäunen wollen, brauchen Sie einen Maschendrahtzaun mit 2,30 Meter hohen Eisenpfählen, die in 1,80 Meter Höhe nach innen abgewinkelt sind. Oder Sie entscheiden sich für zwei Meter hohe Katzenschutznetze, die zwischen Teleskopstangen gespannt werden. Eine andere Möglichkeit: Ein auch nach oben eingezäuntes Freigehege als Luftkurort und Abenteuerspielplatz. Erkundigen Sie sich aber unbedingt, ob Ihre Baumaßnahmen zulässig sind: Oft scheitern sie an den Vorgaben der Wohnungsbaugesellschaften und Eigentümergemeinschaften oder am Einspruch der Behörde. Fast immer ist es aber möglich, die Terrasse katzensicher zu vernetzen. Unauffälliger als »normale« Zäune sind mobile Elektrozaun-Systeme mit schwacher Stromstärke und Warnton. Viele Erfahrungen gibt es damit allerdings noch nicht.

Wohlfühlzeit für Mensch und Tier

Katzen wissen, was ihnen guttut: Ausgiebiger Schönheitsschlaf und müßige Tagträumerei, aufmerksame Beobachtung und ruhige Weltbetrachtung, lustvolle Körperpflege – und Action!

Und da kommen Sie ins Spiel! Selbst für Minitiger, die zu zweit herumtollen und -toben können, gehören Spielrunden mit der Superkatze zu den absoluten Höhepunkten des Tages. Für Sie kann es genauso sein, denn wer sich aufs Spielen mit dem Stubentiger konzentriert, vergisst Stress, Ärger und Sorgen. Sie treiben schlechte Laune in die Flucht und erden sich buchstäblich: Kommen Sie herunter auf den Boden, wenn Sie mit Ihrer Katze spielen – der Tiger liebt Begegnungen auf Augenhöhe. Reservieren Sie sich gut eine bis anderthalb Stunden Spielzeit am Tag. Bitte nicht erschrecken: Die Strecke wird nicht am Stück absolviert, sondern über den ganzen Tag verteilt: Hier mal fünf Minuten, da mal zehn, ein paar Blöcke zu je 15 bis 20 Minuten.

Spielzeiten Nichts spricht dagegen, schon gleich nach dem Aufstehen eine kleine Spielrunde einzulegen. Auch wenn Sie morgens nur schwer in die Gänge kommen – Ihre Katze zeigt Ihnen schon, wie man seine Energie mobilisiert. Und wenn sich tagsüber die Gelegenheit ergibt – wunderbar! Die Hauptspielzeit freilich beginnt mit den frühen Abendstunden und darf gern bis in die Nacht gehen: In der Dämmerung werden die kleinen Jäger

Abgetaucht! In einer Kiste mit Raschelpapier kann man sich prima amüsieren.

Wie krieg' ich da den Ball herausgeangelt? Wenigstens lässt er sich mit Schwung rumschieben!

richtig munter, oft kommt erst jetzt der geliebte Mensch endlich von der Arbeit heim, und die Herrschaften im Pelz sind bestens ausgeruht. Zum Spielen am späteren Abend lassen sich auch gern Katzen bitten, die tagsüber Freilauf genießen. Dann noch ein Spielchen vorm Schlafengehen, und alle sinken fröhlich in die Federn – oder ins Körbchen.

Womit spielen? Für gemeinsame Spiele eignen sich sogenannte Katzenangeln (Stab und Schnur mit »Plüschbeute«), Federwedel (Stab mit bunten Federn) aus dem Zoofachhandel, weiche Kordeln, Bänder oder ausgediente Flechtgürtel. Außerdem alles, was sich bewegt oder bewegen lässt, etwa Mausgröße hat und vielleicht auch raschelt, knistert oder andere Töne von sich gibt. Im Einzelnen: Fell- und Plüschmäuse, Bällchen mit Knisterfüllung, gerne auch mit Plüschbezug, Vollgummibällchen, Säckchen oder Söckchen mit Katzenminze, Papier- knäuel, Walnüsse (kullern so schön unbereche- bar), leere (!) Garnspulen, Flummis und, und, und ...

Sicherheit Lassen Sie Kordeln und Schnurspielzeug nicht herumliegen, damit es keine »Verstrickungen« gibt. Entfernen Sie bei Spielmäusen eingesteckte Augen und Näschen, bei Federwedeln die Stanniol- streifen und überprüfen Sie gekaufte Spielzeuge auf angenähte Glöckchen oder andere Teile, die ver- schluckt werden könnten. Katzenspielzeug darf nicht kleiner als ein Tischtennisball sein. Auch für alles Scharfe und Spitze gilt: Weg damit!

Beliebte Spiele für den Beutegreifer

Katzen sind Raubtiere. Deshalb drehen sich die meisten Katzenspiele auch um Beute. Ums Verfol- gen und Fangen oder ums Aufstöbern.

Ballspiele Machen Sie es sich auf dem Boden be- quem, zaubern Sie ein Bällchen aus Ihrer Tasche, zeigen es Ihrem Tiger und lassen es kullern. Viel-

Auf Undercover-Mission: Katzen lieben alle Versteckspiele – besonders, wenn der Mensch sich auf die Suche nach ihnen macht.

leicht bringt (oder kickt) er es sogar zurück, und es geht wieder los. Katzen können prima dribbeln und kicken! Eine Partie »Cat-Rugby« – mit Walnuss statt Ball gefällig? Oder doch lieber Squash? Werfen Sie einfach ein Gummibällchen an die Wand und las- sen Sie Ihren Spielpartner den zurückspringenden Ball fangen. Nehmen Sie dazu aber keinen Flummi; die Hüpfer haben zu viel »Wumm«.

Verfolgungsjagd Durch die ganze Wohnung kön- nen Sie Ihren Tiger mit der Katzenangel locken. Oder mit einer Kordel, an die Sie eine Spielmaus, ein Papierknäuel oder ein anderes »Beutestück« gebunden haben. Lassen Sie Angel oder Kordel über den Teppich schlängeln, ziehen Sie sie auch mal unter einem Läufer durch – Achtung, Katzen- sprung! – und führen Sie die »Beute« in Ecken und unter Schränke, über Stühle und Sessel, den Kratz- und Kletterbaum hoch. Gönnen Sie dem Jäger

zwischendurch immer wieder einen Fangerfolg, damit er nicht das Interesse verliert.

Fangspiel Lassen Sie die Beute an der Angel schnell durch die Luft tanzen – und gönnen Sie dem tatzenden Tiger nach jedem dritten Versuch Jagdglück. Mittlerweile gibt es äußerst raffinierte Angeln wie den »Da Bird«, der mit rotierenden Federn einen fliegenden Vogel imitiert.

Stöberspiel Schneiden Sie in einen Karton auf zwei gegenüberliegenden Wänden je ein Loch in die Pappe. Stellen Sie ihn mit der Öffnung nach unten auf den Boden und stecken Sie einen Federwedel durch die Löcher. Bewegen Sie ihn und lassen Sie ihn blitzschnell wieder im Karton verschwinden, wenn Ihr Tiger danach tatzt. Er wird sich auf die Lauer legen und versuchen, die Beute aufzustöbern. Nach spätestens drei Versuchen darf er gewinnen!

Suchspiel Schneiden Sie Löcher in einen Schuhkarton und geben Sie ein Spielzeug oder ein paar Leckerchen hinein. Schafft die Katze es, sie mit der Pfote herauszuangeln?

Gutes Spielzeug Selbstverständlich gibt es noch viel mehr Möglichkeiten für spannende Katzenspiele. Und selbstverständlich kann Ihre Katze sich auch mal allein mit Fellmaus, Bällchen oder Minze-Säckchen amüsieren. Im Fachhandel gibt es anregendes Spielzeug wie Play'n'Scratch, das gleichzeitig zum Kratzen, Angeln und Fangen lockt, oder den Cat-Track,

Mit vollem Körpereinsatz auf die Spielbeute! Katzen können sich eine ganze Weile mit allem beschäftigen, was sich nur irgendwie bewegen lässt.

eine Art Katzenroulette, bei dem die Kugel herausgeangelt werden muss. Außerdem jede Menge Spielzeug, das sich am Kratz- und Kletterbaum oder an der Tür montieren lässt. Auch Raschelsäcke oder -tunnel machen Spaß. Trotzdem bleibt es dabei: Richtig toll ist ein Spielzeug erst mit dem Menschen am anderen Ende. Findet jedenfalls die Katze. Stellen Sie ihr übrigens immer nur eine kleine Auswahl Spielzeug zur Verfügung. Der Rest kommt in eine »Schatzkiste« und wird ab und zu ausgetauscht, damit nichts langweilig wird.

Einfach genießen

Irgendwann ist auch für die spielfreudigste Katze etwas anderes wichtig: Schmusezeit! Wie angenehm, sich sanft den Rücken, die Flanken und das Brustfell streicheln zu lassen (den Bauch nicht so gern), und wie gut es tut, wenn der Mensch hinter den Ohren, am Hals und zwischen den Schulterblättern mit den Fingerspitzen krault. Da gibt's nur noch eins: Schnurren und Genießen! Aber Ihre schmusende und schnurrende Samtpfote genießt nicht nur, sie tut auch Gutes – nämlich Ihnen. Für uns Menschen sind die Schmusesitzungen ebenfalls Wellness pur. Wer eine schnurrende Katze auf dem Schoß hat, entspannt sich fast automatisch. Nicht nur, weil es so gemütlich ist, sondern auch, weil die Schwingungen des Katzenkörpers wie eine

sanfte Massage wirken – so wird die Katze zum schnurrenden Therapeuten.

Wir können uns von ihr übrigens einiges abgucken. Das Recken und Strecken zum Beispiel. Jedes Mal, wenn sie sich vom Schlaf erhebt, führt sie es uns vor. Machen Sie's Ihrer Katze nach: Es tut dem Kreislauf gut, macht beweglicher und weckt die Lebensgeister. Oder die vielen Entspannungspausen! Sacken Sie doch zwischendurch, wenn gerade keiner hinguckt, mal so richtig in sich zusammen – und straffen Sie sich wieder: Schon fühlen Sie sich frischer und aktiver. Und die alltägliche Hektik? Die Samtpfote lässt sich davon nicht beeindrucken. Sie geht die Dinge langsam an, peilt die Lage und wartet konzentriert den richtigen Moment zum Handeln ab.

Voll konzentriert: So schnell kann den kleinen Spielkünstler nichts aus dem Gleichgewicht bringen.

Wenn plötzlich alles anders ist

Hin und wieder ein bisschen »Action« im Revier, ein wenig Abwechslung beim Futter (bloß nicht zu viel!), neue Ideen fürs gemeinsame Spiel oder gelegentlich mal etwas Neues zum Beschnuppern und In-Besitz-Nehmen: Das sind die Veränderungen, an denen Katzen Gefallen finden. Ansonsten ist es ihnen lieber, wenn in ihrem Zuhause »alles wie immer« ist. Doch manchmal kommt es anders, und der Stubentiger muss mit Neuem zurechtkommen.

Für die »schönsten Wochen«

Sie brauchen Tapetenwechsel, Ihre Samtpfote verabscheut ihn. Ist der vertraute Cat-Sitter verhindert, müssen Sie andere Betreuungsmöglichkeiten suchen.

Sitter-Suche Vielleicht weiß Ihr Tierarzt Rat. Oder Sie fragen beim örtlichen Tierschutzverein nach. Im Internet gibt es kostenlose und überregionale »Sitterbörsen« privater Tierhilfe-Organisationen. Dort bieten Tierfreunde Sitterdienste an, oft auf Gegenseitigkeit. Prüfen können die Börsen-Betreiber ihre Inserenten allerdings nicht. Vereinbaren Sie ein Treffen, wenn Sie jemanden in der Nähe gefunden haben, und lernen Sie einander kennen. Auch die Katze darf den »Neuen« vorher beschnuppern.

Katzen im Hotel Viele Tierpensionen und -hotels werden mit Liebe und Sachverstand geführt, manche nicht. Überzeugen Sie sich unbedingt selbst, wie die Tiere untergebracht sind und wie die Betreiber es mit Hygiene und Gesundheitsvorsorge halten. Werden nur geimpfte und parasitenfreie Tiere aufgenommen, und gibt es tierärztliche Kontrollen? Bekommt die Katze ein Einzelzimmer, wenn es mit der Gemeinschaftsunterbringung nicht klappt? Muss Ihr Tiger fressen, was in den Napf kommt, oder bekommt er sein gewohntes Futter?

Katze auf Reisen Manchmal muss die Katze eben doch mit. Ob Auto oder Bahn: Mehr als acht bis zehn Stunden Tagesfahrzeit sollten Sie ihr nicht zumuten. Der Passagier reist in seiner Sänfte. Vier

Am liebsten bleiben Katzen zu Hause. Aber wenn doch einmal ein Ortswechsel anliegt, bewährt sich die Transportbox als sichere Sänfte.

Stunden vor Reiseantritt gibt es nichts mehr zu futtern, während der Fahrt auch nicht. Bieten Sie dem Tier aber alle zwei Stunden etwas Wasser an. Ist die Katze an Geschirr und Leine gewöhnt, kann man ihr zwischendurch Toilettenpausen gönnen. Ist das nicht möglich, legen Sie den Transportkorb mit ein paar Lagen Zellstoffwindeln aus, die Sie dann im Fall des Falles schnell austauschen können. Für Reisen innerhalb der EU brauchen Sie für Ihre Katze den EU-Heimtierpass (→ Seite 62). Über besondere Impf- und Einreisebestimmungen informiert das Auswärtige Amt. Was bei Flugreisen mit Katzen zu beachten ist, erfahren Sie bei den Fluggesellschaften.

Ein Umzug steht ins Haus

Umziehen kann der pure Stress sein, besonders für Katzen. Zum Glück ist es gar nicht so schwer, der Samtpfote unnötige Aufregung zu ersparen. Räumen Sie das kleinste Zimmer der Wohnung (oder das Bad) leer. Stellen Sie dann den ausgepolsterten Transportbehälter hinein, vielleicht noch eine andere Liegemöglichkeit, den Wassernapf, etwas Trockenfutter und die Toilette. Vielleicht auch etwas Spielzeug oder ein Stück Luftpolsterfolie (beliebtes Spielmaterial!). Schließen Sie die Katze dort ein, bevor die Möbelpacker kommen und das Chaos richtig tobt. Keine Angst, Ihr Tiger erträgt die »Haft« leichter als den ganzen Trubel. Im neuen Heim statten Sie wieder den kleinsten Raum mit dem Allernötigsten aus, schließen die Katze ein und lassen sie heraus, wenn die Möbel halbwegs richtig stehen und die Fremden weg sind. Dann kann sie alles inspizieren und beruhigt die vertrauten Gerüche erkennen. Bieten Sie ihr in den nächsten Tagen und Wochen viel verlässliche Routine. Freilauf sollten Sie ihr erst gestatten, wenn sie sich in den neuen vier Wänden wirklich heimisch fühlt.

Wenn man **Abschied nehmen** muss

TIPPS VON
DER KATZEN-EXPERTIN
Brigitte Eilert-Overbeck

Nach einem langen Leben friedlich einzuschlafen ist leider nicht allen Katzen vergönnt. Nur zu oft kündigt sich der Tod mit Altersbeschwerden, Krankheit, Schmerzen und Leid an. Die Medizin kann irgendwann nicht mehr helfen. Und Sie stehen vor der schwersten Entscheidung überhaupt: das geliebte Tier einschläfern zu lassen.

BEDENKEN SIE: Sie entscheiden nicht darüber, ob Ihre Katze leben oder sterben soll, sondern ob sie sich weiterhin quälen soll oder nicht. Vom Einschläfern spürt sie nicht mehr als den Einstich der Narkosespritze. Und Ihr Liebling wird sich bis zuletzt geborgen fühlen, wenn Sie ihn auf dem Schoß halten, ihn streicheln und zu ihm sprechen.

DIE TRAUER kann Ihnen niemand abnehmen. Aber sie ist besser zu ertragen, wenn Sie mit anderen darüber reden können.

IHRE KINDER erleben vielleicht zum ersten Mal den Tod eines geliebten Wesens. Stehen Sie ihnen bei, hören Sie zu, erinnern Sie sich an Ihre Erlebnisse mit dem kleinen Freund. Und spüren Sie gemeinsam, dass Tränen manchmal gut tun.

Adressen

> Fédération Internationale Féline (FIFe), 17 Rue du Verger, L-2665 Luxembourg, www.fifeweb.org
> 1. Deutscher Edelkatzenzüchter-Verband e.V. (1. DEKZV e.V.), Berliner Str. 13, D-35614 Asslar, www.dekzv.de
> Deutsche Rassekatzen-Union e.V. (D.R.U.), Hauptstr. 56, D-56814 Landkern, www.dru.de
> Österreichischer Verband für die Zucht und Haltung von Edelkatzen (ÖVEK), Liechtensteinstr. 126, A-1090 Wien, www.oevek.org
> Fédération Féline Helvétique (FFH), Alfred Wittich (Präsident), Büntacher 22, CH-5626 Hermetschwil, www.ffh.ch

Wichtiger **Hinweis**

> Schutzimpfungen und Entwurmungen sind notwendig, um die Gesundheit von Mensch und Tier nicht zu gefährden.

> Gehen Sie bei Krankheitsanzeichen oder Parasitenverdacht sofort zum Tierarzt. Sie schützen damit u. U. auch sich selbst vor Infektionskrankheiten.

> Allergiker machen vor der Anschaffung einer Katze am besten einen Prick-Test auf Katzenhaare.

> Schäden, die von Katzen verursacht wurden, trägt die Haftpflichtversicherung.

(Anschriften von Katzenclubs und -vereinen können Sie auch bei den vorgenannten Verbänden erfragen)
> Institut für Tierschutz und Verhalten, Tierschutzzentrum, Bünteweg 2, D-30559 Hannover, www.tierschutzzentrum.de
> Schweizer Tierschutz (STS), Dornacherstr. 101, CH-4008 Basel, www.tierschutz.com, Beratungsstelle: Tel. 00 41/61/3 65 99 99
> Österreichischer Tierschutzverein, Kohlgasse 16, A-1050 Wien, Tel. 0043/1/8 97 33 46, www.tierschutzverein.at

Fragen zum EU-Heimtierpass und zu Auslandsreisen mit Tieren beantwortet auch:
> Bundestierärztekammer, Oxfordstr. 10, D-53111 Bonn www.bundestieraerztekammer.de

Informationen zur Urlaubsbetreuung finden Sie unter:
> Kaschas & Berts Tiersitterbörse, Lüderitzstr. 15, D-13351 Berlin, www.tiersitterboerse.de

Fragen zur Haltung

beantworten Ihr Zoofachhändler und der Zentralverband Zoologischer Fachbetriebe Deutschlands e.V. (ZZF), Tel.: 06 11/44 75 53 32 (nur telefonische Auskunft möglich: Mo 12–16 Uhr, Do 8–12 Uhr), www.zzf.de

Krankenversicherung

> Uelzener Versicherungen, PF 2163, D-29511 Uelzen, www.uelzener.de

> AGILA Haustierversicherung AG, Breite Str. 6-8, D-30159 Hannover, www.agila.de

Registrierung von Katzen

> Deutsches Haustierregister, Deutscher Tierschutzbund e.V., Baumschulallee 15, D-53115 Bonn, www.deutsches-haustierregister.de
> TASSO-Haustierzentralregister e.V., Frankfurter Str. 20, D-65795 Hattersheim, Tel. 06190/937300, www.tasso.net, E-Mail: info@tasso.net

Zeitschriften

> die edelkatze. Illustrierte Fachzeitschrift für Katzenfreunde, Verbandszeitschrift des 1. DEKZV (→ Adressen)
> Katzen extra. Gong Verlag, Ismaning
> katzen. Hrsg. D.R.U. (→ Adressen)
> Pfotenhieb – das Katzenmagazin www.pfotenhieb.de
Feines Magazin von Katzenfreunden für Katzenfreunde, erscheint nur online zum Download

Adressen im Internet

> www.miau.de
> www.schmusekatzen.de
> www.katzen-info.de
> www.katze-und-du.at
Alles Wissenswerte über giftige Pflanzen in Haus/Garten erhalten Sie unter:
> www.giftpflanzen.ch

Freude am Tier

Die neuen Tierratgeber – da steckt mehr drin

ISBN 978-3-8338-0579-0
64 Seiten

ISBN 978-3-8338-0870-8
64 Seiten

ISBN 978-3-8338-1195-1
64 Seiten

Preis je Band: **7,90 €**

ISBN 978-3-8338-0869-2
64 Seiten

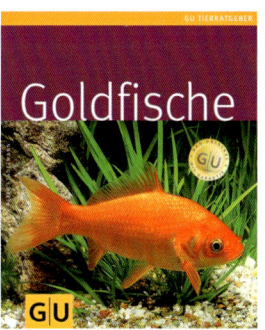

ISBN 978-3-8338-0868-5
64 Seiten

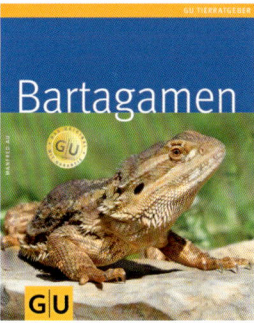

ISBN 978-3-8338-1164-7
64 Seiten

Änderungen und Irrtum vorbehalten.

Das macht sie so besonders:

Praxiswissen kompakt – vermittelt von GU-Tierexperten

Praktische Klappen – alle Infos auf einen Blick

Die 10 GU-Erfolgstipps – so fühlt sich Ihr Tier wohl

Willkommen im Leben.

Unsere Garantie

Alle Informationen in diesem Ratgeber sind sorgfältig und gewissenhaft geprüft. Sollte dennoch einmal ein Fehler enthalten sein, schicken Sie uns das Buch mit dem entsprechenden Hinweis an unseren Leserservice zurück. Wir tauschen Ihnen den GU-Ratgeber gegen einen anderen zum gleichen oder ähnlichen Thema um.

Liebe Leserin und lieber Leser,

wir freuen uns, dass Sie sich für ein GU-Buch entschieden haben. Mit Ihrem Kauf setzen Sie auf die Qualität, Kompetenz und Aktualität unserer Ratgeber. Dafür sagen wir Danke! Wir wollen als führender Ratgeberverlag noch besser werden. Daher ist uns Ihre Meinung wichtig. Bitte senden Sie uns Ihre Anregungen, Ihre Kritik oder Ihr Lob zu unseren Büchern. Haben Sie Fragen oder benötigen Sie weiteren Rat zum Thema? Wir freuen uns auf Ihre Nachricht!

Wir sind für Sie da!
Montag–Donnerstag: 8.00–18.00 Uhr;
Freitag: 8.00–16.00 Uhr *(0,14 €/Min. aus dem dt. Festnetz/Mobilfunkpreise können abweichen.)
Tel.: 0180-5 00 50 54*
Fax: 0180-5 01 20 54*
E-Mail:
leserservice@graefe-und-unzer.de

P.S.: Wollen Sie noch mehr Aktuelles von GU wissen, dann abonnieren Sie doch unseren kostenlosen GU-Online-Newsletter und/oder unsere kostenlosen Kundenmagazine.

GRÄFE UND UNZER VERLAG
Leserservice
Postfach 86 03 13
81630 München

Programmleitung: Christof Klocker
Leitende Redaktion: Anita Zellner
Redaktion: Jutta Weikmann
Lektorat: Barbara Kiesewetter
Bildredaktion: Natascha Klebl
Umschlaggestaltung und Layout: independent Medien-Design, München
Herstellung: Elisabeth Märtz
Satz: Uhl + Massopust, Aalen
Reproduktion: Longo AG, Bozen
Druck: Firmengruppe APPL, aprinta druck, Wemding
Bindung: Firmengruppe APPL, sellier druck, Freising

Printed in Germany

ISBN 978-3-8338-0867-8

1. Auflage 2008

GRÄFE
UND
UNZER

Ein Unternehmen der
GANSKE VERLAGSGRUPPE

Die Autorin

Brigitte Eilert-Overbeck ist seit vielen Jahren begeisterte Katzenhalterin und hat das Verhalten dieser faszinierenden Tiere intensiv studiert. Sie hat bei TV Hören und Sehen das Ressort »Frau und Familie« geleitet und etliche Artikel zum Thema »Haustiere« verfasst. Über Katzen hat sie bereits mehrere Bücher und einige Artikel in Katzen-Zeitschriften veröffentlicht.

Die Fotografin

Monika Wegler gehört zu den besten Heimtierfotografen Europas. Sie arbeitet außerdem erfolgreich als Journalistin und Tierbuch-Autorin. Weitere Informationen finden Sie unter www.wegler.de.
Alle Fotos in diesem Buch stammen von Monika Wegler mit Ausnahme von:
Juniors/Schanz, U.: Seite 11 re., plainpicture/Schneider, R.: Seite 50, Autorenfoto: Jürgen Römer

Dank

Verlag und Autorin danken Herrn Rechtsanwalt Reinhard Hahn für die juristische Beratung.